Excel VBA
誰でもできる「即席マクロ」でかんたん効率化

きたみあきこ――著

はじめに

　Excelのプログラミング機能を使用すると、「マクロ」と呼ばれるプログラムを作成して、Excelの作業を自動化できます。

　理想的なマクロは、「最初から最後までの全工程を自動化する完全性」や「どんな表にも通用する汎用性」を備えるプログラムでしょう。しかし、理想を追求し過ぎると、プログラムが難しくなり途中で挫折してしまいがちです。

　そこで本書では、「今、目の前にある作業がラクになる」ことを最優先の目標として、マクロ作りに取り組みます。マクロ作りの方針を、

- **完全性を求めず、もっとも面倒な部分だけを自動化する**
- **汎用性は二の次、とりあえず手元の表で実行できればよい**

に変えれば、プログラムの構造は比較的単純になります。そして、単純になれば、それだけ理解しやすくなります。

　本書はそんな"即席マクロ"を紹介する本です。第1～2章でマクロの基本を学び、第3～6章で仕事に役立つ実践的な即席マクロを紹介します。さらに、紹介したマクロを自分なりにアレンジできるように、Excelのよく使う機能をマクロで実現するためのリファレンスを、第7章に用意しました。

　読者の皆さまのマクロの作成に、本書が少しでもお役に立てれば幸いです。最後に、本書の制作にご協力くださった皆さまに、心よりお礼申し上げます。

2015年1月　きたみあきこ

CONTENTS

Excel VBA 誰でもできる「即席マクロ」でかんたん効率化

本書の読み方 …………………………………………………………………………………………… 010
サンプルデータの使い方 ……………………………………………………………………………… 012

CHAPTER 1
マクロ作りを体験しよう

1-01 マクロって何？[マクロとは] ………………………………………………………………… 014
1-02 マクロ作りの心構え[即席マクロのススメ] ………………………………………………… 016
1-03 マクロ作りの下準備[環境設定／セキュリティ設定] ……………………………………… 018
1-04 VBEを起動する[VBEの起動／モジュールの挿入] ………………………………………… 020
1-05 マクロを作成する[コードの入力] …………………………………………………………… 022
1-06 マクロを含むブックの保存[マクロブックの保存／開く] ………………………………… 026
1-07 マクロを実行する[マクロの実行] …………………………………………………………… 028
1-08 マクロをより簡単に実行する[便利な実行方法] …………………………………………… 030
COLUMN ▶マクロを削除する …………………………………………………………………… 034

CHAPTER 2
最初にこれだけ知っておこう

2-09 「オブジェクト」は操作の対象[オブジェクト] ……………………………………………… 036

2-10 「プロパティ」はオブジェクトの状態[プロパティ] ……………………………… 038
2-11 「メソッド」はオブジェクトの動作[メソッド] …………………………………… 040
2-12 「変数」はデータの入れ物[変数] ………………………………………………… 042
2-13 条件によって実行する処理を切り替える[If構文／If～Then～Else構文] …… 046
2-14 同じ処理を何度も繰り返す[For～Next構文] ………………………………… 050
2-15 セルのさまざまな指定方法[セルの指定] ……………………………………… 052
COLUMN ▶ エラーの対処 …………………………………………………………… 060

CHAPTER 3
書式設定・編集操作でラクしよう

3-16 1行おきに色を付ける[色の設定] ……………………………………………… 062
3-17 5行単位で中罫線を点線にする[罫線の種類] ………………………………… 068
3-18 1行おきに行を挿入する[行の挿入] …………………………………………… 072
3-19 「小計」と入力された行を目立たせる[フォントの設定] ……………………… 076
3-20 分類ごとに罫線で区切る[罫線の太さ] ………………………………………… 080
3-21 「販売終了」のデータを削除する[行の削除] …………………………………… 086
3-22 データの並び順を素早く切り替える[並べ替え] ……………………………… 090
3-23 セルに指定した条件で抽出する[オートフィルター] ………………………… 094
COLUMN ▶ デバッグ（ステップ実行） …………………………………………… 100

CHAPTER 4
表記統一・入力操作でラクしよう

4-24 ふりがなのないセルにふりがなを自動作成する[ふりがなの作成] ………… 102
4-25 「シメイ」を全角カタカナに統一する[カナの表記統一] ……………………… 104
4-26 カタカナは全角のまま英数字だけを半角にする[全角／半角の統一] ……… 108
4-27 「都道府県」列に「住所」と「番地」を連結する[文字の連結] ………………… 114
4-28 四半期ごとに小計行を入れて計算する[数式の入力] ………………………… 120

4-29 住所録の住所からGoogleマップを一発表示する[Webへのリンク挿入] ················ 124
4-30 シート上の数値データを一括削除する[コントロール] ························· 128
COLUMN ▶デバッグ（ブレークポイント） ·· 134

CHAPTER 5
シート操作・ファイル操作でラクしよう

5-31 各シートのセルの値をシート名に設定する[シート名の設定] ···················· 136
5-32 ワークシートを名前順に並べ替える[ワークシートの移動] ······················· 142
5-33 ブック内のシートを1つのシートにまとめる[表のコピー／貼り付け] ············ 148
5-34 条件に合うデータを別シートに転記する[抽出データのコピー] ·················· 152
5-35 フォルダー内のファイルを列挙する[ファイル列挙] ····························· 160
5-36 フォルダー内のブックを1つのブックにまとめる[ブックの統合] ················ 166
5-37 CSVファイルのデータを整形してブックとして保存する[ブックの保存] ········ 174
COLUMN ▶ヘルプの参照 ··· 180

CHAPTER 6
定型処理でラクしよう

6-38 納品書のデータを一覧表に転記する[伝票データの保存] ························ 182
6-39 名簿から宛名を差し込み印刷する[差し込み印刷] ······························· 186
6-40 選択したセル範囲に矢印を引く[図形の作成] ··································· 190
6-41 1カ月分の日程表を作成する[日付の操作] ······································ 198
6-42 入力用の部品を使ってを効率よく入力する[コントロール] ······················ 208
COLUMN ▶VBEの環境設定 ··· 218

CHAPTER 7
知識を広げよう

7-43 1行マクロ集[プロパティ／メソッド] ……………………………………………………… 220

▶セルの書式設定

フォントやフォントサイズを設定する ……………………………………………… 220
太字、斜体、下線を設定する ……………………………………………………… 220
文字の配置を設定する ……………………………………………………………… 221
セルの結合を設定する ……………………………………………………………… 222
文字列の折り返しを設定する ……………………………………………………… 222
表示形式を設定する ………………………………………………………………… 223
塗りつぶしの色や文字の色を設定する(インデックス番号の色) ……………… 224
塗りつぶしの色や文字の色を設定する(1677万色) ……………………………… 224
塗りつぶしの色や文字の色を設定する(テーマの色) …………………………… 225
セルの指定した位置に罫線を設定する …………………………………………… 226
セル範囲の周囲に罫線を設定する ………………………………………………… 227

▶セルの編集

列幅や行高を設定する ……………………………………………………………… 228
列幅や行高をデータに合わせて自動調整する …………………………………… 228
セルや行、列を挿入する …………………………………………………………… 229
セルや行、列を削除する …………………………………………………………… 229
行、列の表示と非表示を切り替える ……………………………………………… 230
セルを移動／コピーする …………………………………………………………… 230
クリップボードのデータを貼り付ける …………………………………………… 230
形式を選択して貼り付ける ………………………………………………………… 231

▶データ入力・操作

セルに値や数式を入力する ………………………………………………………… 232
セルに連続データを入力する ……………………………………………………… 232

セルの内容を消去する……………………………………………………………………233
データを並べ替える………………………………………………………………………234
データを抽出する…………………………………………………………………………234

▶ワークシート操作

ワークシートを選択する …………………………………………………………………236
ワークシートを移動／コピーする………………………………………………………236
ワークシートを追加する …………………………………………………………………237
ワークシートを削除する …………………………………………………………………237

▶ブック操作・画面・印刷

ブックをアクティブにする………………………………………………………………238
ブックのパスと名前を調べる……………………………………………………………238
新規ブックを追加する ……………………………………………………………………238
ブックを開く………………………………………………………………………………239
ブックを閉じる……………………………………………………………………………239
ブックを上書き保存する …………………………………………………………………239
ブックに名前を付けて保存する…………………………………………………………240
印刷プレビューを表示する………………………………………………………………241
印刷を実行する ……………………………………………………………………………241

7-44 便利な関数[関数] …………………………………………………………………242

▶文字列を操作する関数

文字列の長さを求める……………………………………………………………………242
文字列から部分文字列を取り出す………………………………………………………242
スペース（空白文字）を削除する………………………………………………………242
指定した文字種に変換する………………………………………………………………243
文字と文字コードを変換する……………………………………………………………243
大文字と小文字を変換する………………………………………………………………244
文字列を検索／置換／比較する…………………………………………………………244

▶数値を処理する関数

数値を処理する ……………………………………………………………… 245

▶日付や時刻を操作する関数

現在の日付や時刻を調べる ………………………………………………… 246
日付や時刻から年、月、日、時、分、秒を取り出す ……………………… 246
曜日を求める ………………………………………………………………… 246
年、月、日、時、分、秒から日付や時刻を作成する ……………………… 247
日付や時刻の計算をする …………………………………………………… 247

▶そのほかの関数

データの種類を判別する …………………………………………………… 248
データ型を変換する ………………………………………………………… 248
データの表示方法を変える ………………………………………………… 248

索引 ……………………………………………………………………………… 250

本書の読み方

CHAPTER 1～2 マクロの基本を学ぶ

マクロを使うにあたり、以下のような知っておくべき内容を、初心者向けに解説しています。
- マクロの作成方法、実行方法
- 基本概念(オブジェクト、プロパティ、メソッド)
- 基本構文(変数、If文、If～Then～Else構文、For～Next構文)
- セルの指定方法

ご存知の方は、飛ばしてCHAPTER 3以降へ進んでください。

CHAPTER 3～6 実践的なマクロ作り

本書のメイン部分です。実際に使えるマクロを紹介し、内容や使い方を解説しています。[マクロの動作][コード][STEP UP]の3つのパートに分かれていますので、それぞれのパートの役割を説明します。

[マクロの動作]パート

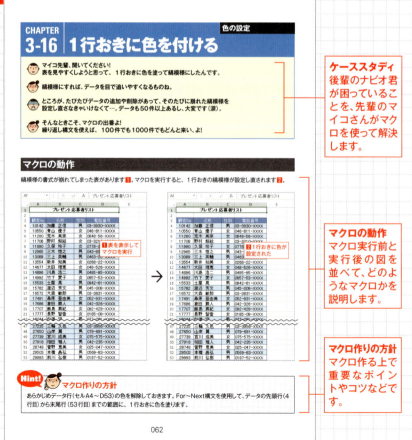

ケーススタディ
後輩のナビオ君が困っていることを、先輩のマイコさんがマクロを使って解決します。

マクロの動作
マクロ実行前と実行後の図を並べて、どのようなマクロかを説明します。

マクロ作りの方針
マクロ作る上で重要なポイントやコツなどです。

010

［コード］パート

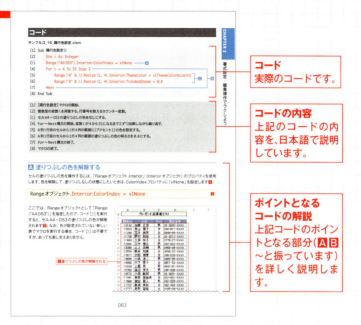

［STEP UP］パート

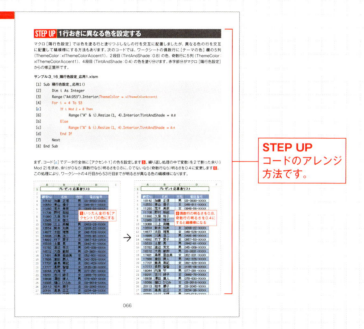

CHAPTER 7 リファレンス

VBAで役立つ便利なリファレンス集です。
いざ自分でマクロを作ろうとすると、「塗りつぶしのプロパティは何だっけ？」「Copyメソッドの引数は何？」と、迷うことも多いと思います。そんなときに「1行マクロ集」を参照してください。使用頻度の高いプロパティやメソッドの使い方をまとめています。また、VBA関数を種類別にまとめた「便利な関数」もお役立てください。

サンプルデータの使い方

1 ブラウザーを起動する

サンプルサイトを開くためのブラウザーを起動します。Windows 8では、スタート画面で[Internet Explorer]のタイルをクリックします❶。Windows 7では、画面左下にある[スタート]ボタンをクリックし❷、[Internet Explorer]を選択します❸。

2 URLを入力する

ブラウザーの、URLを入力する部分をクリックします❹。下記のURLを入力し、[Enter]キーを押します❺。

URL
http://book.mynavi.jp/support/bookmook/sokuseki/

3 ダウンロードする

サンプルサイトが表示されたら、[サンプルデータをダウンロード]をクリックするとダウンロードに進みます❻。初めてダウンロードする場合は、[解説ページ]をクリックしてダウンロード方法と解凍方法を確認してください❼。

4 ファイル開く際の注意

解凍したファイルを開く際には、本書18ページ「1-03 マクロ作りの下準備」と20ページ「1-04 VBAを起動する」と27ページ「マクロを含むブックを開く」を参照して、開いてください。

CHAPTER 1 マクロ作りを体験しよう

1-01 マクロって何？
［マクロとは］

1-02 マクロ作りの心構え
［即席マクロのススメ］

1-03 マクロ作りの下準備
［環境設定／セキュリティ設定］

1-04 VBEを起動する
［VBEの起動／モジュールの挿入］

1-05 マクロを作成する
［コードの入力］

1-06 マクロを含むブックの保存
［マクロブックの保存／開く］

1-07 マクロを実行する
［マクロの実行］

1-08 マクロをより簡単に実行する
［便利な実行方法］

COLUMN マクロを削除する

CHAPTER 1-01 マクロって何？

マクロとは

 おはようございます！ マイコ先輩。

 おはよう、ナビオ君。昨日は残業だったようね。

 はい、データの転記作業に時間がかかってしまって。伝票から一覧表へのコピペの繰り返しで、マウスを持つ手がクタクタです（涙）。

 それは大変だったわね。でも、マクロを使えばラクできたかも。

 マクロ？ マクロって何ですか？

1 意外と多い単純作業の繰り返し

Excelの操作では、単純作業の繰り返しが少なくありません。ナビオ君が残業して行った、納品書から一覧表への転記作業も、その1つです。納品書と一覧表では表の形が異なるため、「氏名のコピー」「Noのコピー」「日付のコピー」「明細データのコピー」という具合に、ワークシートを切り替えながらコピーと貼り付けを繰り返さなければなりません❶。納品書が複数ある場合は、コピー／貼り付けの繰り返しをさらに繰り返す羽目になります。

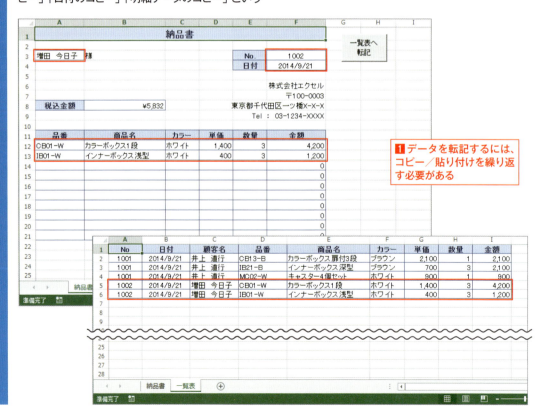

❶ データを転記するには、コピー／貼り付けを繰り返す必要がある

2 マクロを使えばExcelの作業を自動化できる

こんなときは、マクロの出番です。「マクロ」とは、Excelの一連の操作をあらかじめ登録しておき、後から呼び出して実行できる機能のこと。伝票の転記のような作業を手作業で行っていては、手間もかかるし、操作ミスも起こりかねません。マクロを使えば、登録した操作をいつでも何度でも自動で正確に実行できるので、作業の負担が軽減され、操作ミスの心配もなくなります **2**。

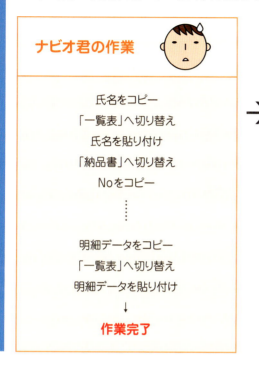
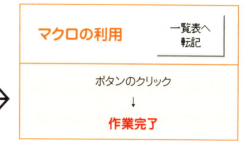

2 マクロを使えば、Excelの作業を自動化できる

3 マクロは操作の指示を並べた手順書

マクロで処理を実行するためには、実行したい1つ1つの操作手順をあらかじめ登録しておく必要があります。マクロは、言わば操作の指示を並べた手順書です **3**。操作手順をきちんと登録しておくことで、登録した操作をいつでも何度でも自動で正確に実行できるのです。

伝票データを転記するマクロ

1. 一覧表の新規行の行番号を調べる。
2. 一覧表の新規行のA列に、納品書のセルF3をコピーする。
3. 一覧表の新規行のB列に、納品書のセルF4をコピーする。
4. 一覧表の新規行のC列に、納品書のセルA3をコピーする。
5. 一覧表の新規行のD列に、納品書の1件目の明細データをコピーする。

⋮

3 マクロは操作の指示を並べた手順書

CHAPTER 1-02 マクロ作りの心構え

即席マクロのススメ

 なるほど、マクロって便利そうですね。手間のかかる処理を瞬時に実行できるなんて。

 ええ、便利よ。ただし、その便利さを享受するには、プログラミングの勉強をしなくちゃね。

 プログラミング? 文系人間の僕にもできるでしょうか?

 大丈夫! プロのプログラマーになるわけじゃないんだもの、気楽にいきましょう。自分の仕事がラクになることだけを目標に、無理せずに学習すればいいのよ。

1 操作手順はVBAというプログラミング言語で書く

残念ながら、Excelは日本語の指示を理解できません。マクロの操作手順は、「Visual Basic for Applications」(略して「VBA (ブイ・ビー・エー)」)というExcelが理解できる言語で記述します。マクロを作成するには、VBAで決められた文法に従ってVBAで決められた単語を使用して、命令文を入力しなければなりません。

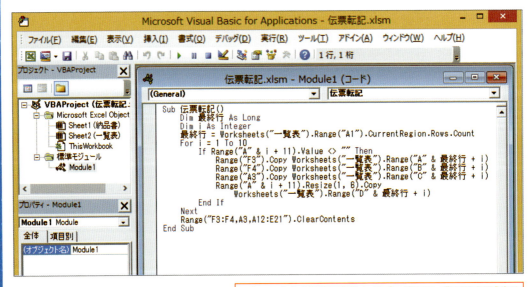

マクロの命令文は「VBA」というプログラミング言語で記述する

Hint! マクロはVBAで書かれたプログラム

VBAは、ExcelやWordなどのOffice製品を操作するためのプログラミング言語です。また、マクロは、VBAというプログラミング言語を使用して命令文を記述したプログラムです。

2 無理に難しい構文を使わない

さまざまな状況で処理を効率よく進めるために、VBAには数多くの構文が用意されています。たくさんある構文を適材適所使い分ければ、処理効率の高いマクロを作成できます。しかし、一般的なVBAの入門書にある「基本構文」ですら、覚えきれないと挫折してしまう人もいるでしょう。そこで、本書では、ほとんどのマクロを基本中の基本と言える構文だけで作成します。本書のレベルのマクロでは、どの構文を使用しても、実行速度に大きな差は出ません。無理してたくさんの構文を使おうとせず、まずは選りすぐりの構文を使い込んでいきましょう。

本書の学習の進め方

本書では、最初に知っておくべき以下の内容を、CHAPTER 1とCHAPTER 2で解説します。

- 基本事項（マクロの作成方法、実行方法）
- 基本概念（オブジェクト、プロパティ、メソッド）
- 基本構文（変数、If構文、If〜Then〜Else構文、For〜Next構文）
- セルの指定方法

CHAPTER 3以降では、実践的なマクロ作りに挑戦します。「値を入力する」「色を付ける」「コピーする」など、セルやワークシートを操作するための命令文は、CHAPTER 3〜6でその都度紹介していきます。また、CHAPTER 7には、そのような命令文のリファレンスを用意しました。

---

3 手元の表で動くことを最優先にマクロを作る

マクロ作りで挫折してしまうもう1つの要因に、完ぺきな自動化を求め過ぎることにより、行き詰まってしまうことが考えられます。最初から最後までの全工程を処理するマクロや、どんな表にも通用するマクロを作るのは、とても大変なことです。本書では、あらかじめひな形となる表やワークシートを用意するなどの工夫をして、自動化する処理を極力単純化します。また、今手元にある表で動作することを最優先に考えて、マクロ作りに取り組みます。その場で作ってその場で動かす"即席マクロ"作りから始めることが、VBA習得の第1歩です。

"即席マクロ"作りの心構え

その1．　無理しない！
　　　　→無理に難しい構文を使わない。

その2．　欲張らない！
　　　　→自動化する処理範囲を極力減らす。

CHAPTER 1-03 マクロ作りの下準備

環境設定／セキュリティ設定

 先輩、大変です！ 先輩のパソコンのExcelにあるマクロ用のボタンが、僕のパソコンにはありません！

 マクロ用のボタンが並んでいる[開発]タブのことね。大丈夫、[開発]タブは表示されていない状態が標準なの。マクロ作りに取り掛かる前に、表示しておきましょうね。あと、セキュリティ設定も確認しなきゃね。

 セキュリティ設定…？

 危険なマクロウィルスによる感染を防ぐための設定よ。標準で防ぐ設定になっているはずだけど、念のために確認しておきましょう。

[開発]タブを表示する

1 [オプション]ダイアログボックスを表示する

[開発]タブを表示する方法は、Excelのバージョンによって異なります。Excel 2013/2010の場合は、リボンのいずれかのタブを右クリックして ■1、[リボンのユーザー設定]をクリックします ■2。

2 [開発]にチェックを付ける

[Excelのオプション]ダイアログボックスの[リボンのユーザー設定]が表示されるので ■3、[開発]をクリックしてチェックを付け ■4、[OK]ボタンをクリックします ■5。

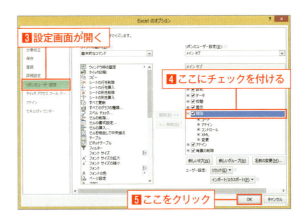

Excel 2007の場合

Excel 2007の場合は、[Office]ボタンをクリックして、[Excelのオプション]をクリックします。[Excelのオプション]ダイアログボックスの[基本設定]が表示されるので、[[開発]タブをリボンに表示する]にチェックを付けて、[OK]ボタンをクリックします。

3 [開発]タブが表示された

リボンに[開発]タブが表示されました ⑥。[開発]タブには、マクロ作りに関連するボタンが集められています。

セキュリティ設定を確認する

1 [開発]タブで[マクロの セキュリティ]をクリックする

Excelのセキュリティ設定を確認しましょう。[開発]タブをクリックして ①、[マクロのセキュリティ]ボタンをクリックします ②。

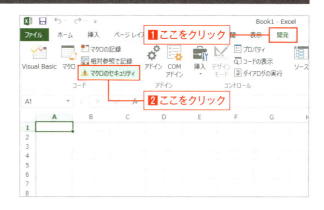

2 [マクロの設定]を確認する

[セキュリティセンター]ダイアログボックスが表示されます。[警告を表示してすべてのマクロを無効にする]が選択されていることを確認して ③、[キャンセル]ボタンをクリックします ④。

Hint! 身に覚えのないマクロを無効にできる

手順2の[警告を表示してすべてのマクロを無効にする]は、開いたことのないブックを開くときに、ブックに含まれるマクロがいったん無効になるという設定です。すべてのマクロを無効にすることにより、身に覚えのないブックに含まれるマクロウィルスが自動実行されてしまう事態を防げます。自分で作成したマクロなど、安全であることがわかっている場合は、手動でマクロを有効にできます。その方法は、CHAPTER 1-06で解説します。

CHAPTER 1-04 VBEを起動する

VBEの起動／モジュールの挿入

 いよいよ、マクロの作成開始ですね。どこに入力すればいいんですか？

 「Visual Basic Editor」（ビジュアル・ベーシック・エディター）っていうソフトで入力するのよ。略して「VBE」（ブイ・ビー・イー）よ。

 「VBE」は「VBA」を入力するための画面っていうことですね!

 ええ。VBEを起動して、「モジュール」という入力シートにマクロを入力するのよ。

VBEを起動する

1 リボンからVBEを起動する

マクロは、VBEというExcel搭載のソフトで入力、編集します。VBEを起動するには、[開発] タブをクリックして ■1、[Visual Basic] ボタンをクリックします。

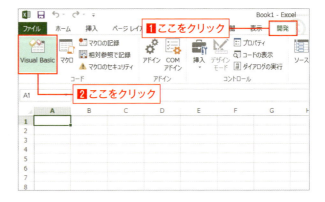

Hint! ショートカットキー

Excelの画面で Alt + F11 キーを押しても、VBEを起動できます。

2 VBEが起動した

VBEが起動しました ■3。画面の左端には、開いているブックやシートの一覧を表示する「プロジェクトエクスプローラー」と ■4、プロジェクトエクスプローラーで選択されているものの設定を行う「プロパティウィンドウ」が表示されています ■5。これらが表示されていない場合は、[表示] メニューから表示できます。

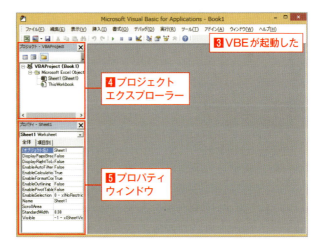

モジュールを挿入する

1 [標準モジュール]を選択する

マクロのプログラムは、「モジュール」という専用のシートに入力します。ブックにはじめてマクロを作成するときは、ブックにモジュールを挿入します。VBEの画面で[挿入]メニューから**1**、[標準モジュール]を選択します**2**。

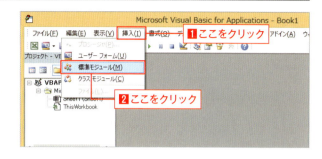

2 モジュールが挿入された

新しいモジュールのコードウィンドウが表示されました**3**。コードウィンドウの[最大化]ボタン をクリックすると、コードウィンドウはグレーの領域いっぱいに広がります**4**。もう一度クリックすると、ウィンドウ表示に戻ります。

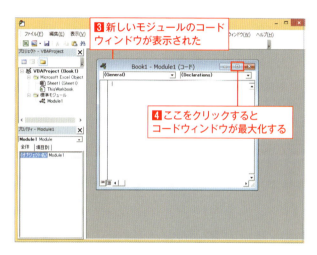

3 プロジェクトエクスプローラーを確認する

プロジェクトエクスプローラーには、ブックに含まれるワークシートやモジュールが階層構造で表示されます**5**～**7**。

Hint! VBEを終了するには

VBEの[閉じる]ボタン をクリックすると、VBEが終了してExcelの画面に戻ります。VBEを終了するときに保存しなくても、Excelで保存操作をすれば、モジュールの追加やマクロの入力などVBEで行った操作をブックと一緒に保存できます。

CHAPTER 1-05 マクロを作成する

コードの入力

 次は、挿入したモジュールにマクロを作成してみましょう。

 どんなマクロですか? あんなこともこんなことも自動化できちゃうマクロなんだろうなあ。

 まあ、欲張らないで。最初は練習用の単純なマクロを作成しましょう。アクティブセルに文字を入力するマクロよ。

 了解です! よろしくお願いします。

コードを入力する

1 「sub マクロ名」を入力する

マクロを作成するには、コードウィンドウに半角で「sub」と入力し、半角スペースに続けてマクロ名を入力して Enter キーを押します **1**。ここでは、「マクロ1」というマクロ名にしました。

マクロ名に使えない文字

マクロ名にスペースとピリオド(.)及び!、@、&、$、#などの記号は使えません。マクロ名の先頭では数字も使えません。

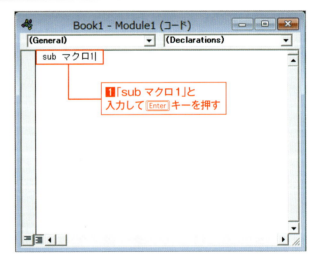

1 「sub マクロ1」と入力して Enter キーを押す

2 マクロが作成された

「sub」の「s」が自動的に大文字になり、行末に「( )」が追加されました **2**。さらに、1行空けてマクロの終了を表す「End Sub」が追加されました。「Sub」から「End Sub」までが1つのマクロです。間のカーソルのある行にコードを追加していきます **3**。「コード」とは、プログラム全体やその一部を指す言葉です。

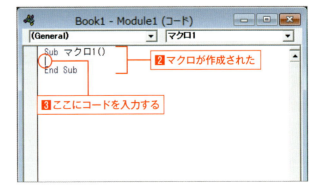

2 マクロが作成された

3 ここにコードを入力する

3 Tabキーで字下げしてコードを入力

Tabキーを押して字下げをして、「activecell」と入力します **4**。この字下げのことを「インデント」と呼びます。

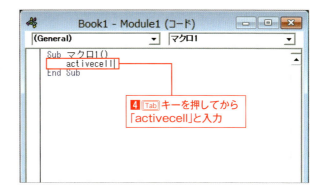

4 Tabキーを押してから「activecell」と入力

4 リストからキーワードを選択して入力する

「.」（ピリオド）を入力すると、入力候補が表示されます。さらに「v」と入力すると **5**、入力候補がスクロールして「v」で始まるキーワードが表示されます。ここでは「value」と入力します **6**。リストの「Value」をダブルクリックして入力しても、直接キーボードから入力してもかまいません。

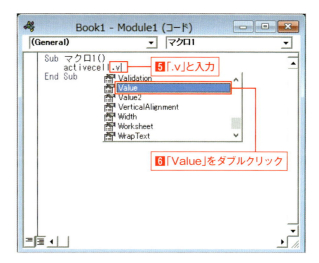

5「.v」と入力

6「Value」をダブルクリック

入力候補をキー操作で選ぶ

↑キーや↓キーで入力候補を選び、Tabキーを押すと、リストからコードウィンドウへ項目を入力できます。

5 マクロ1を完成させる

図のようにコードを入力します **7**。VBAで決められているキーワードは、大文字小文字を区別せずに入力しても、自動的に変換されます。ただし、「"」（ダブルクォーテーション）で囲まれた文字だけは最初から大文字小文字を区別して入力してください **8**。

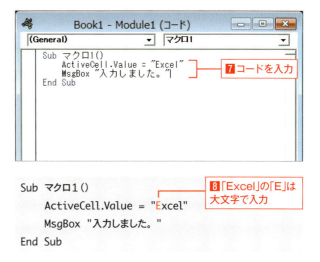

7 コードを入力

```
Sub マクロ1()
    ActiveCell.Value = "Excel"
    MsgBox "入力しました。"
End Sub
```

8「Excel」の「E」は大文字で入力

6 マクロをコピーする

VBEでは、ワープロと同じ要領でコードの編集ができます。ここではコピーを利用して、新しいマクロを作成しましょう。行頭を縦方向にドラッグして、マクロ全体を選択し❾、ツールバーの[コピー]ボタンをクリックします❿。

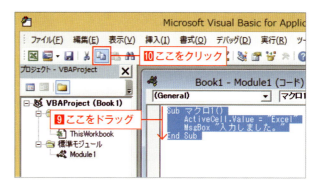

7 コピーしたマクロを貼り付ける

続いて、マクロ[マクロ1]の下にカーソルを移動して⓫、[貼り付け]ボタンをクリックします⓬。

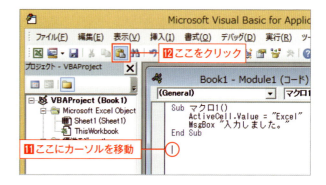

8 マクロ2を完成させる

カーソルの位置にマクロが貼り付けられたら、図のように修正して「マクロ2」という名前のマクロを完成させます⓭、⓮。このように、モジュールには複数のマクロを入力できます。

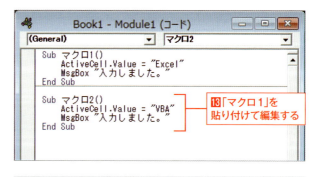

Hint! コードを読み解く

VBAのキーワードは英単語を元にしており、比較的簡単に読み解けます。「ActiveCell.Value」は「アクティブセルの値」で、「ActiveCell.Value = ○○」は「アクティブセルの値を○○にする」、つまり「アクティブセルに○○を入力する」という命令文です。また、「MsgBox」は「Message Box」を語源とし、「MsgBox ○○」は「○○というメッセージを表示する」という命令文になります。

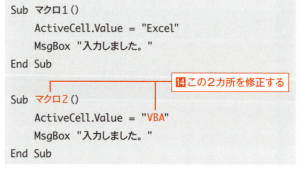

マクロの記述ルール

1 基本用語と記述ルール

下図のマクロを例に、基本用語と記述ルールを確認しておきましょう。

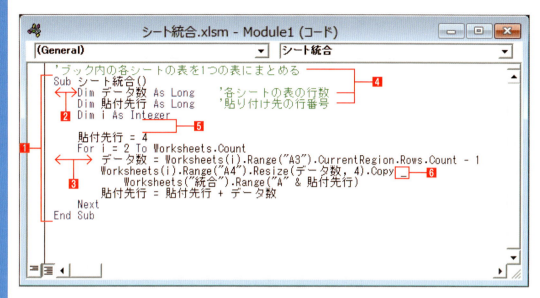

●マクロ
「Sub マクロ名」から「End Sub」までが1つのマクロです **1**。間に記述した命令文が、上の行から順番に実行されます。

●インデント
一般的に、「Sub マクロ名」と「End Sub」の間のコードは、字下げして入力します **2**。この字下げのことを「インデント」と呼びます。インデントの有無がマクロの実行内容に影響するわけではありませんが、行頭を下げておくことでマクロの始まり（「Sub マクロ名」）と終わり（「End Sub」）がわかりやすくなります。マクロの内部でも、処理のまとまりごとに字下げすることがあります **3**。
通常、[Tab]キーを押すと半角スペース4つ分字下げされます。[Backspace]キーを押すと、4文字分の字下げを解除できます。

●コメント
「'」（シングルクォーテーション）で始まる文をコメントと呼びます **4**。「'」以降、行末までがコメントと見なされ、自動的に文字の色が緑で表示されます。覚書や説明を入力するのに利用します。

●空白行
文字が詰まって見づらいときは、空白行を入れてかまいません **5**。処理のまとまりごとに空白行を入れると、コードが見やすくなります。

●コードの改行
長い命令文は、複数の行に分けて入力できます。行末に半角スペース「□」と「_」（アンダーバー）を入力すると、次行が続きの命令文であると見なされます。「_」（アンダーバー）は、[Shift]キーを押しながら[ろ]のキーを押すと入力できます。「□_」を「行継続文字」と呼びます。

CHAPTER 1-06 マクロを含むブックの保存

マクロブックの保存／開く

> マクロを実行する前に、ブックを保存しておきましょう。マクロの実行は、「元に戻す」ボタンでは戻せないから。

> なるほど、万が一、実行に失敗しても、そのままブックを閉じて、開き直せば実行前の状態に戻せるというわけですね！

> さすが、ナビオ君！ 冴えてるわね。ただし、マクロを含むブックは通常のブック形式では保存できないから注意してね。「Excelマクロ有効ブック」という形式で保存するのよ。それと、開くときにも「マクロの有効化」という操作が必要になるの。早速、操作を見ていきましょう。

マクロを含むブックを保存する

1 [名前を付けて保存]を実行する

VBEで作業している場合はいったんExcelに切り替えます。[ファイル]タブをクリックして **1**、[名前を付けて保存]をクリックし **2**、[コンピューター] **3** →[参照]をクリックします **4**。Excel 2010の場合は[ファイル]タブ→[名前を付けて保存]、Excel 2007の場合は[Office]ボタン→[名前を付けて保存]をクリックします。

2 [Excelマクロ有効ブック]として保存する

[名前を付けて保存]ダイアログボックスが表示されたら、保存場所を指定し **5**、ファイル名を入力します **6**。[ファイルの種類]から[Excelマクロ有効ブック]を選択して **7**、[保存]ボタンをクリックすると **8**、ブックが保存されます。これ以降は、Excelのクイックアクセスツールバーか VBEのツールバーにある[上書き保存]ボタンで上書き保存します。次ページの操作に進む前に、いったんブックを閉じておきましょう。

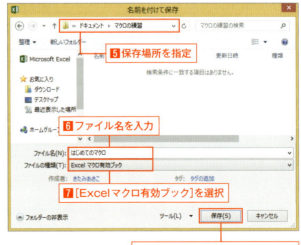

マクロを含むブックを開く

1 マクロを有効にする

マクロを含むブックを開くと、メッセージバーに[セキュリティの警告]が表示され、マクロが無効になります。マクロを有効にするには、メッセージバーの[コンテンツの有効化]をクリックします❷。作成元が信頼できる場合にだけマクロを有効にして利用しましょう。

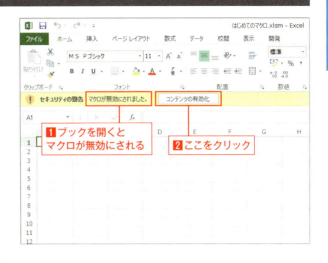

❶ブックを開くとマクロが無効にされる

❷ここをクリック

Hint! Excel 2007の場合

Excel 2007の場合、メッセージバーの[オプション]をクリックして、表示される画面で[このコンテンツを有効にする]をクリックします。Excel 2013/2010と異なり、Excel 2007の場合はブックを開き直すと、マクロは無効な状態に戻ります。

2 マクロが有効になる

Excelの画面からメッセージバーが消え、マクロが有効になり、実行できる状態になります。一度マクロを有効にすると、次回からそのブックはマクロが有効な状態で開くようになります。

❸メッセージバーが閉じ、マクロが有効になる

Hint! ダイアログボックスが表示される場合もある

VBEが起動している状態でマクロを含むブックを開くと、メッセージバーの代わりにダイアログボックスが表示されます。そのダイアログボックスで[マクロを有効にする]ボタンをクリックすると、マクロが有効になります。

Hint! [保護ビュー]が表示された場合

インターネット上から入手したファイルを開くと、編集操作のできない[保護ビュー]で開かれることがあります。信頼できるファイルの場合は、メッセージバーの[編集を有効にする]をクリックして、操作できるようにします。

CHAPTER 1 マクロ作りを体験しよう

CHAPTER 1-07 マクロを実行する

マクロの実行

 いよいよ、マクロの実行ですね。

 ええ。Excelのリボンのボタンを使って実行する方法と、VBEの画面から実行する方法の2つを覚えましょう。

 VBEの画面からも、実行できるんですか?

 大きなプログラムになると、作成段階で何度もテストを繰り返しながら開発を進めるのよ。そんなときは、VBEの画面から実行できるほうが便利なの。

Excelのリボンでマクロを実行する

1 [マクロの表示]ボタンをクリック

今回実行するマクロはアクティブセルに文字を入力するマクロなので、あらかじめ入力先のセルを選択しておきます❶。[開発]タブをクリックして❷、[マクロの表示]ボタンをクリックします❸。

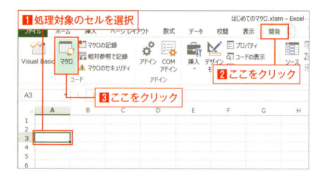

2 実行するマクロを選択

[マクロ]ダイアログボックスが表示されたら、一覧から実行したいマクロを選択し❹、[実行]ボタンをクリックします❺。一覧に目的のマクロが表示されない場合は、[マクロの保存先]のリストから[開いているすべてのブック]を選択してください。

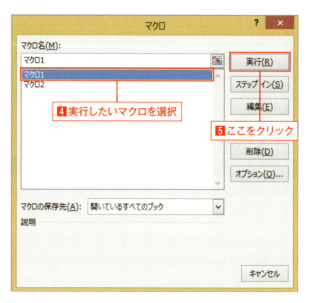

Hint!

ショートカットキー

[開発]タブの[マクロの表示]ボタンをクリックする代わりに、[Alt]+[F8]キーを押しても、[マクロ]ダイアログボックスを表示できます。

3 マクロが実行された

［マクロ1］マクロ（CHAPTER 1-05参照）が実行されます。アクティブセルに「Excel」と入力され、「入力しました。」と書かれたメッセージ画面が表示されます6。

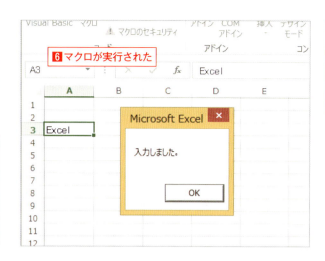

Hint! 実行を元に戻せない

マクロの実行は［元に戻す］ボタン で元に戻すことができないので注意してください。

VBEからマクロを実行する

1 マクロの中にカーソルを置いてマクロを実行

実行したいマクロの「Sub マクロ名」から「End Sub」までの間の任意の位置にカーソルを移動し1、［Sub／ユーザーフォームの実行］ボタン をクリックすると2、マクロを実行できます。

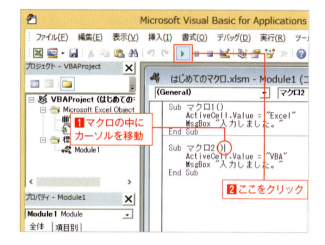

Hint! モジュールが表示されないときは

あるはずのモジュールが見当たらないときは1、プロジェクトエクスプローラーを確認します。モジュール名をダブルクリックすると2、モジュールが表示されます。

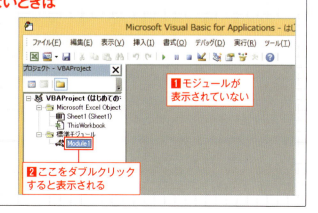

便利な実行方法

CHAPTER 1-08 マクロをより簡単に実行する

🧑 マクロが便利なことはわかったんですけど、正直、いちいち「マクロ」画面を呼び出して実行するのが面倒で…。

👩 確かに、実行に手間がかかるようでは効率アップとは言えないわね。繰り返し使うマクロなら、ボタンやキー操作を割り当てておくのが賢明よ。

🧑 ボタンのクリックやショートカットキーで実行できるんですか。それは便利ですね!

👩 それでは早速、マクロを素早く実行する3つの方法を試してみましょう。

シートに配置したボタンで実行する

1 シートをドラッグしてボタンを配置する

ワークシートにマクロ実行用のボタンを配置してみましょう。まず、[開発] タブを選択し 、[挿入] ボタンをクリックします 。[ボタン] ボタン □ をクリックして 3、シート上をドラッグします 4。

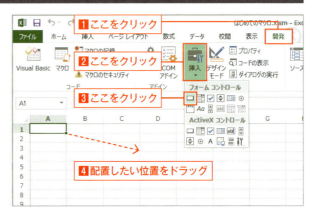

2 割り当てるマクロを指定する

[マクロの登録] ダイアログボックスが表示されます。一覧からボタンに登録するマクロを選択し 5、[OK] ボタンをクリックします 6。

[フォームコントロール]から選ぶ

手順1の[挿入]の一覧には[フォームコントロール]と[ActiveXコントロール]がありますが、[フォームコントロール]の[ボタン]を選びましょう。

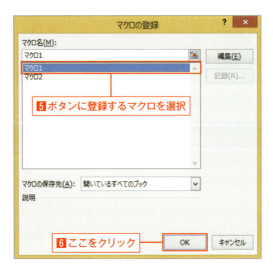

3 ボタン名を入力する

ボタン上に「ボタン1」と表示されるのでドラッグして選択し7、ボタン名を入力します8。入力後、どこかのセルをクリックして選択すると9、ボタンの編集が完了します。

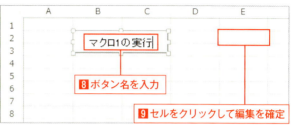

4 1クリックでマクロを実行できる!

ボタンをクリックするだけで10、マクロを実行できるようになりました。

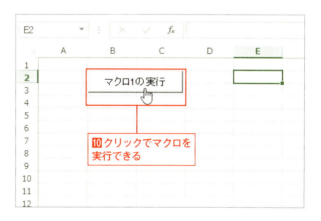

ボタンを選択するには

ボタンの位置やサイズを変えたいときは、Ctrlキーを押しながらボタンをクリックすると、ボタンを選択できます。

クイックアクセスツールバーに配置したボタンで実行する

1 設定画面を呼び出す

ブック全体で使うマクロの場合は、クイックアクセスツールバーにボタンを登録しておくと、どのシートからも簡単に実行できて便利です。まず、クイックアクセスツールバーの右横の[▼]ボタンをクリックして1、[その他のコマンド]を選択します2。

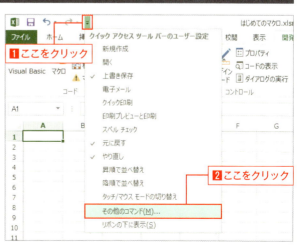

登録するマクロを選択する

表示される画面の[コマンドの選択]欄から[マクロ]を選択し③、[クイックアクセスツールバーのユーザー設定]欄から[(ブック名)に適用]を選択します④。左の一覧からマクロを選択し⑤、[追加]ボタンをクリックします⑥。

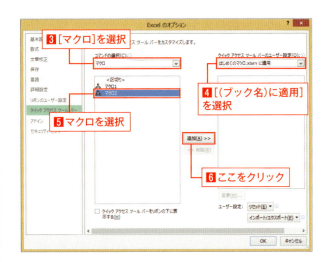

> **Hint!**
>
> **マクロの保存先ブックにだけボタンを表示する**
>
> マクロは、保存先のブックが開いているときにしか実行できません。④で[(ブック名)に適用]を選択すると、そのブックが表示されているときにだけ、クイックアクセスツールバーにボタンを表示できます。

③ **設定画面を閉じる**

右の一覧にマクロが追加されたことを確認したら⑦、[OK]ボタンをクリックします⑧。

 **ボタンが追加された**

クイックアクセスツールバーにボタン が追加されました⑨。ボタンをクリックするだけで、簡単にマクロを実行できます。

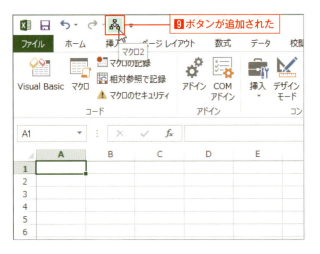

> **Hint!**
>
> **ボタンを削除するには**
>
> クイックアクセスツールバーに登録したボタンを右クリックして、[クイックアクセスツールバーから削除]をクリックすると、ボタンを削除できます。

ショートカットキーで実行する

1 設定画面を呼び出す

ショートカットキーにマクロを登録すると、キー操作だけで素早くマクロを実行できます。まず、[開発]タブを選択して **1**、[マクロ]ボタンをクリックします **2**。

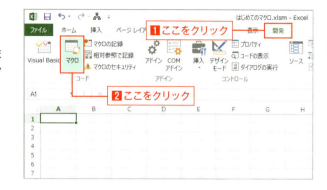

2 マクロを選択する

[マクロ]ダイアログボックスが表示されたら、ショートカットキーを割り当てるマクロを選択して **3**、[オプション]ボタンをクリックします **4**。

標準のショートカットキーは無効になる

コピーの Ctrl + C キーなど、Excelの標準のショートカットキーにマクロを登録すると、標準のショートカットキーは無効になります。

3 キーの組み合わせ方を指定する

割り当てたいキーを[ショートカットキー]欄に入力して **5**、[OK]ボタンをクリックすると **6**、登録完了です。すると、手順2の画面に戻るので、[キャンセル]ボタンで画面を閉じましょう。例えば **5** で小文字の「m」を入力した場合、Ctrl + M キーを押すとマクロが実行されます。登録したショートカットキーは、マクロを保存したブックが開いている間、他のブックでも使用できます。

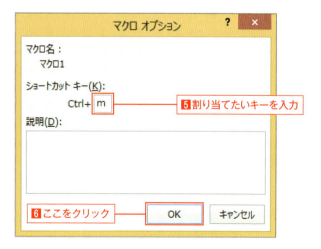

COLUMN

マクロを削除する

不要になったマクロは削除しましょう。特定のマクロを削除することも、複数のマクロをモジュールごと一気に削除することもできます。

モジュールからマクロを削除する

1 モジュールからマクロを削除するには、「Sub マクロ名」の行から「End Sub」の行までを選択して**1**、[Delete]キーを押して削除します**2**。

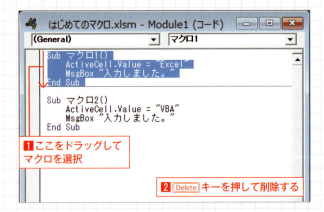

ブックからモジュールを削除する

1 ブックからモジュールを削除するには、まず、プロジェクトエクスプローラーでモジュールを選択します**1**。続いて、[ファイル]メニューから[(モジュール名)の解放]をクリックします**2**。

2 エクスポートするかどうかを確認するメッセージで[いいえ]ボタンをクリックすると**3**、モジュールが削除されます。エクスポートとは、モジュールを独立したファイルとして保存することです。

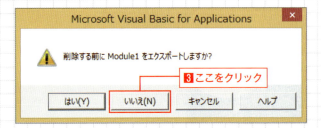

CHAPTER 2 最初にこれだけ知っておこう

- 2-09 「オブジェクト」は操作の対象
  ［オブジェクト］
- 2-10 「プロパティ」はオブジェクトの状態
  ［プロパティ］
- 2-11 「メソッド」はオブジェクトの動作
  ［メソッド］
- 2-12 「変数」はデータの入れ物
  ［変数］
- 2-13 条件によって実行する処理を切り替える
  ［If構文／If～Then～Else構文］
- 2-14 同じ処理を何度も繰り返す
  ［For～Next構文］
- 2-15 セルのさまざまな指定方法
  ［セルの指定］

COLUMN エラーの対処

CHAPTER 2-09 「オブジェクト」は操作の対象

オブジェクト

ナビオ君、セルに入力するときに、最初にすることは何?

入力するセルを選択します!

じゃあ、シートをコピーするときは?

コピーするシートを選択します!

そう。操作の前に、必ず操作対象を指定する必要があるわね。VBAでは、この"操作対象"のことを「オブジェクト」と呼ぶのよ。

1 操作の対象となるものはすべて「オブジェクト」

VBAでは、操作の対象となるものを「オブジェクト」と呼びます。セルやワークシートは、VBAでもっとも操作することが多い代表的なオブジェクトです **1**、**2**。VBAではブックやExcel自体を操作することもでき、これらもオブジェクトとして扱います **3**、**4**。セルは「Rangeオブジェクト」、シートは「Worksheetオブジェクト」というように、オブジェクトにはそれぞれ名前が付いています。

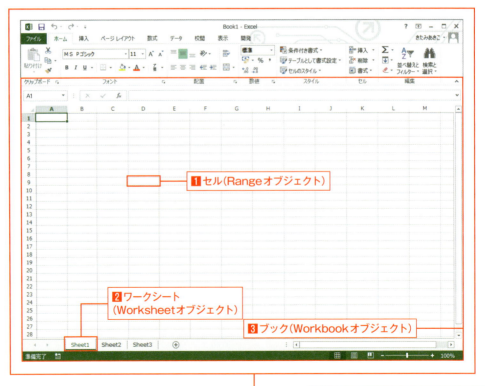

1 セル(Rangeオブジェクト)
2 ワークシート(Worksheetオブジェクト)
3 ブック(Workbookオブジェクト)
4 Excel(Applicationオブジェクト)

2 Rangeオブジェクトでセルを指定する

まずは、もっとも操作することが多いRangeオブジェクトの指定方法から覚えましょう。「Range」に続けてカッコの中にセル番号を指定します❺。単一のセルの場合は「"B3"」❻、セル範囲の場合は「"C6:D8"」のように「"」（ダブルクォーテーション）で囲んで指定します❼。

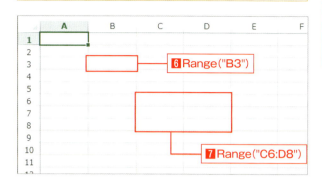

3 「コレクション」は同じ種類のオブジェクトの集まり

同じ種類のオブジェクトの集まりを「コレクション」と呼びます。例えば、ブックの中に含まれるWorksheetオブジェクトの集まりを「Worksheetsコレクション」と呼びます❽。Workseetオブジェクトは、Worksheetsコレクションの要素と言えます❾。なお、コレクション自体もオブジェクトとして扱えるので、「Worksheetsコレクション」は「Worksheetsオブジェクト」と呼ばれることもあります。

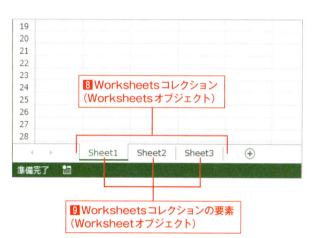

4 Worksheetオブジェクトはコレクションの中から指定する

Worksheetオブジェクトは、シート名や番号で指定します❿〜⓬。「Worksheets("Sheet1")」は「Worksheetsコレクションの中の『Sheet1』という名前の要素」、「Worksheets(1)」は「Worksheetsコレクションの中の1番目の要素」という意味です。

Hint! 末尾の「s」を忘れずに

Worksheetsコレクションは末尾に「s」が付きます。忘れずに入力しましょう。

CHAPTER 2-10 「プロパティ」はオブジェクトの状態

プロパティ

> ナビオ君、セルに対する操作には、どんなものがあるかしら?

> 文字や数式を入力したり、コピーしたり、並べ替えたり…、たくさんの操作がありますね。

> そのたくさんの操作に対応するのが、「プロパティ」と「メソッド」よ。セルに対して操作するときは、Rangeオブジェクトのプロパティやメソッドを使うのよ。まずは、「プロパティ」から見ていきましょう。

> はい。よろしくお願いします!

1 「プロパティ」はオブジェクトの状態を表すもの

「プロパティ」は、オブジェクトの状態を表すものです。オブジェクトには、それぞれさまざまなプロパティがあります。例えば、Rangeオブジェクトには、セルの値を表すValueプロパティや、セルの行番号を表すRowプロパティなどがあります 。また、Worksheetオブジェクトには、シート名を表すNameプロパティやシートの位置を表すIndexプロパティなどがあります 。

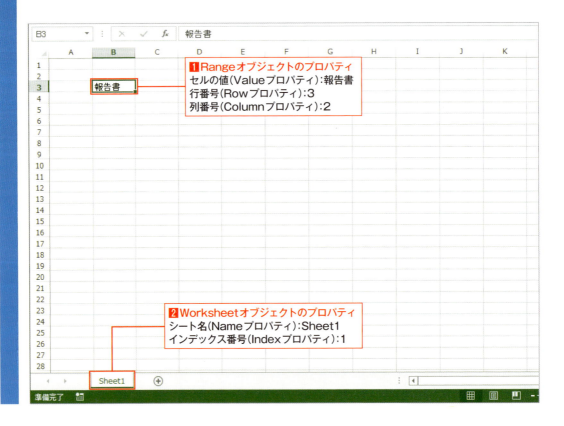

2 プロパティ値を調べるには

プロパティの値を調べるには、オブジェクトとプロパティを「.」(ピリオド)で結んで記述します❸。プロパティ値を調べることで、オブジェクトの状態がわかります❹。例えば、RangeオブジェクトのValueプロパティを調べると、セルに入力されている値がわかります。プロパティの値を調べることを、「プロパティを取得する」と表現します。

3 取得したプロパティは命令文に組み込んで利用する

単に「オブジェクト.プロパティ」と記述するだけでは、VBAの命令文として成立しません。取得したプロパティは、ほかの構文の中に組み込んで使用します。例えば、「MsgBox Range("B3").Value」と記述すると❺、セルB3の値がメッセージ画面に表示されます❻。

4 プロパティを設定するには

オブジェクトの状態を変えたいときは、プロパティに値を設定します。プロパティの後ろに「= 値」を記述すれば、プロパティを設定できます❼。例えば、セルに「見積書」と入力したいときは、RangeオブジェクトのValueプロパティに「見積書」を設定します❽、❾。

Hint! 設定不可のプロパティもある

プロパティには、取得のみが可能で、設定はできないものがあります。例えば、セルの行番号を表すRangeオブジェクトのRowプロパティは取得のみが可能です。

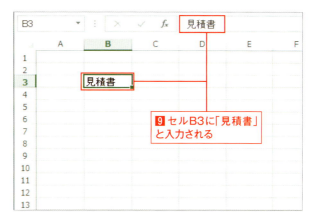

CHAPTER 2-11 「メソッド」はオブジェクトの動作

メソッド

 なるほど、「プロパティ」を使えば、オブジェクトの状態を調べたり、変化させたりできるんですね。もうひとつの「メ……」は、あれ、何でしたっけ？

 「メソッド」よ。メソッドを使えば、「セルを選択する」「セルをコピーする」といったオブジェクトの動作を指示できるのよ。

 「オブジェクト」「プロパティ」「メソッド」…。何だか、いろいろあって混乱してきました。

 耳慣れない言葉だから、最初は難しく思えるかもしれないわね。でも、安心して。実際にマクロを組むようになれば、徐々に理解していけるから。とりあえず、ここでは漠然とでいいからイメージをつかんでね。

1 「メソッド」はオブジェクトの動作を表すもの

「メソッド」は、オブジェクトの動作を表すものです。オブジェクトの種類に応じて、さまざまなメソッドが用意されています。例えば、Rangeオブジェクトには、セルを選択するSelectメソッドや❶、セルをコピーするCopyメソッドなどがあります❷。

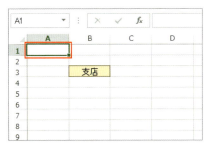

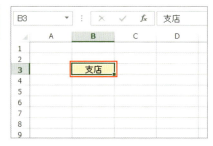

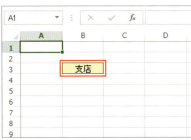

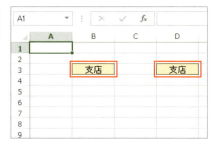

2 メソッドの動作を実行するには

メソッドの動作を実行するには、オブジェクトとメソッドを「.」(ピリオド) で結んで記述します❸。RangeオブジェクトのSelectメソッドを使用してセルB3を選択するには、右のように記述します❹、❺。

オブジェクト.メソッド ❸

Range ("B3").Select

❹ セルB3を選択する

❺ セルB3が選択される

3 動作の条件は「引数」で指定する

メソッドによっては、動作の条件を指定するための「引数 (ひきすう)」を持つものがあります❻。例えば、RangeオブジェクトのCopyメソッドは、コピー先のセルを指定するための引数を持ちます❼、❽。メソッドと引数の間には、半角のスペースを入れます。

オブジェクト.メソッド 引数 ❻

Range ("B3").Copy Range ("D3")

❼ セルB3をセルD3にコピーする

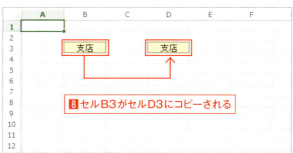

❽ セルB3がセルD3にコピーされる

Hint! 引数の記述ルール

引数には、細かい記述ルールがあります。詳しくは、85ページで紹介します。

Hint! 入力支援機能を利用する

プロパティやメソッドを入力するときは、自動メンバー表示や自動クイックヒントなどの入力支援機能を利用しましょう。自動メンバー表示とは、オブジェクトに続けて「.」(ピリオド) を入力すると、入力候補がリストに表示される機能です❶。プロパティは📄、メソッドは🔧のマークで表されます。自動クイックヒントは、プロパティやメソッドに続けて半角のスペースを入力すると、ポップヒントに構文が表示される機能です❷。

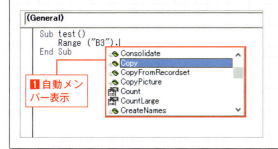

❶ 自動メンバー表示

❷ 自動クイックヒント

CHAPTER 2-12 「変数」はデータの入れ物

変数

👦 マイコ先輩、セルってつくづく便利な入れ物ですよね。データを入れておけば、計算に使えます。新しいデータを入れ直すこともできますしね。

👩 VBAにも、データの入れ物があるわ。「変数」っていうのよ。

👦 へえ、セル番号みたいに「変数A1」「変数A2」って呼ぶんですか？

👩 いいえ、変数の名前は自由に決められるのよ。その点はセルと違うわね。それから、もう1つ違いがあるわ。変数は、数値や文字列などのデータのほか、セルやシートなどのオブジェクトも記憶できるのよ。

変数に数値や文字列などのデータを入れて利用する

1 「変数」はデータの入れ物

変数とは、数値や文字列などのデータを入れる入れ物です。マクロの途中で、中に入れるデータを自由に変更できます。

1 変数はデータの入れ物

2 変数を宣言する

変数を使用するには、通常、マクロの冒頭に「Dim 変数名 Asデータ型」と記述して、使用する変数の名前とデータ型を宣言します。データ型とはデータの種類のことです。例えば、「Integer」を指定すると、整数を入れる変数が用意されます、。

```
Dim 変数名 As データ型
```
2

```
Dim 数1 As Integer
```
3

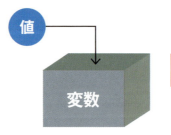

4「数1」という名前のInteger型（整数型）の入れ物が用意される

 変数の命名規則

変数名には英数字、「_」（アンダースコア）、日本語が使えます。変数の命名規則に外れた変数名を入力すると、警告メッセージが表示されます。その場合は、変数名を修正しましょう。

3 変数に値を代入する

変数という入れ物に値を入れるには、「変数名 = 値」と記述します⑤〜⑦。変数に値を入れることを「代入する」と表現します。また、「=」のことを代入演算子といいます。

⑦「数1」という名前の入れ物に100が入る

4 変数を使ってみる

変数を使ってみましょう。ここでは、「数1」「数2」という名前の2つの変数を使用します。データ型はInteger型（整数型）とします⑧。変数［数1］に100を代入し、変数［数2］に200を代入して⑨、最後に2つの変数の和をメッセージに表示します⑩。マクロを実行すると、メッセージに「100+200」の計算結果である「300」が表示されます⑪。

サンプル:2-12_変数1.xlsm

```
Sub 変数()
    Dim 数1 As Integer
    Dim 数2 As Integer
    数1 = 100
    数2 = 200
    MsgBox 数1 + 数2
End Sub
```

⑪ メッセージに変数［数1］と変数［数2］の和が表示される

Hint! 日本語の変数名

英単語の変数名を使うとVBAのキーワードと区別しづらいので、本書では特別な場合を除いて日本語の変数名を使用します。変数名を入力するときに日本語入力モードを切り替えなければなりませんが、それが面倒な場合は「kazu1」「kazu2」など入力しやすい変数名に置き換えて入力してもかまいません。

```
Dim kazu1 As Integer
Dim kazu2 As Integer
kazu1 = 100
kazu2 = 200
MsgBox kazu1 + kazu2
```

5 主なデータ型

変数のデータ型は、中に入れるデータの種類に応じて指定します。下表のようにたくさんのデータ型がありますが、まずは小さい整数を入れるInteger、大きい整数を入れるLong、小数を入れるDouble、日付や時刻を入れるDate、文字列を入れるString、True（Yes）／False（No）を入れるBooleanの6つを使い分けられるようにしましょう。

データ型	データ型名	値の範囲
Byte	バイト型	0 ～ 255の整数
Boolean	ブール型	TrueまたはFalse
Integer	整数型	-32,768 ～ 32,767
Long	長整数型	-2,147,483,648 ～ 2,147,483,647の整数
Single	単精度浮動小数点数型	負の値:-3.402823E38 ～ -1.401298E-45 正の値:1.401298E-45 ～ 3.402823E38
Double	倍精度浮動小数点数型	負の値:-1.79769313486231E308 ～ -4.94065645841247E-324 正の値:4.94065645841247E-324 ～ 1.79769313486232E308
Currency	通貨型	-922,337,203,685,477.5808 ～ 922,337,203,685,477.5807
Date	日付型	西暦100年1月1日 ～ 9999年12月31日の範囲の日付と時刻
String	文字列型	文字列
Object	オブジェクト型	オブジェクトへの参照
Variant	バリアント型	すべての値

Hint! 演算子

演算子には、「代入演算子」のほか、下表の「算術演算子」と「文字列連結演算子」があります。算術演算子には、一般の計算と同様に優先順位があり、丸カッコで囲むことで優先順位を上げられます。例えば、「1 + 2 * 3」の場合、「2 * 3」が先に計算されて結果は7になりますが、「(1 + 2) * 3」の場合、「1 + 2」が先に計算されて結果は9になります。なお、「比較演算子」「論理演算子」については49ページで紹介します。

演算子の分類	演算子	説明	使用例	結果	優先順位
算術演算子	^	べき乗	5 ^ 2	25（5の2乗）	1
	*	掛け算	5 * 2	10	2
	/	割り算	5 / 2	2.5	2
	¥	整数商	5 ¥ 2	2	3
	Mod	余り	5 Mod 2	1	4
	+	足し算	5 + 2	7	5
	-	引き算	5 - 2	3	5
文字列連結演算子	&	連結	"Excel" & "VBA"	"Excel VBA"	6

変数にセルやワークシートへの参照を入れて利用する

1 セルやシートも変数に入れられる

変数には、Rangeオブジェクト（セル）やWorksheetオブジェクト（ワークシート）などのオブジェクトも入れられます。変数を宣言する際に、データ型としてRangeやWorksheetなど、オブジェクトの種類を指定します **1**。例えば、右のように記述すると **2**、セルを入れる「セル1」という名前の変数が用意されます。

2「セル1」という名前のRange型の入れ物が用意される

2 オブジェクトの代入には「Set」が必須

変数にオブジェクトを代入するには、冒頭に「Set」を記述します **3**。例えば、Range型の変数[セル1]にセルA1を代入するには、右のように記述します **4**。

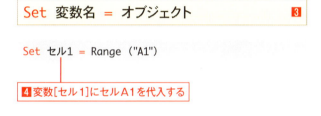

4 変数[セル1]にセルA1を代入する

3 変数[セル1]にセルA1を代入する

オブジェクト変数を使ってみましょう。まず、「セル1」という名前のRange型の変数を宣言し **5**、セルA1を代入します **6**。これ以降、「Range("A1")」と記述する代わりに、「セル1」と記述できます。ここでは「セル1.Value」と記述して「Range("A1")」のValueプロパティの値を取得し、メッセージ画面に表示します **7**。マクロを実行すると、メッセージ画面にセルA1の値が表示されます **8**。

サンプル:2-12_変数2.xlsm

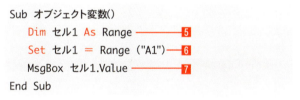

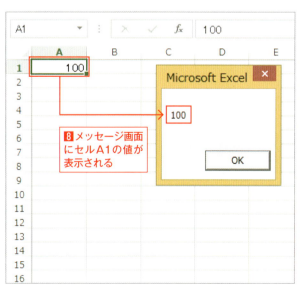

8 メッセージ画面にセルA1の値が表示される

Hint! 実際にはオブジェクトへの参照が代入される

オブジェクトを入れる変数には、オブジェクトそのものではなく、オブジェクトの情報が格納されている記憶領域の位置情報が入ります。

CHAPTER 2-13 条件によって実行する処理を切り替える

If構文／If～Then～Else構文

 次に、プログラムの流れを制御する構文の話をするわね。大きく分けて「条件分岐」と「繰り返し」の2種類があるのよ。

 ま、まだ覚えなきゃいけないことがあるんですか（汗）。

 いくつもの構文があるんだけど、まずは条件分岐の構文を2つ覚えましょう。条件が成立するときだけ処理を実行する「If構文」と、条件が成立するときとしないときで別の処理をする「If～Then～Else構文」の2つよ。

 はい、がんばります！

「If構文」で条件が成立するときだけ処理を実行する

1 「If構文」と処理の流れ

条件に応じて処理を実行するかどうかを切り替えるには、If構文を使用して、「条件式」と「処理」を指定します❶。条件式が成立する場合は処理が実行され、成立しない場合は実行されません❷。

```
If 条件式 Then
    処理
End If
```
❶

「処理」を字下げする

If構文やIf～Then～Else構文では、実行する処理を字下げするとコードが見やすくなります。行頭にカーソルを置いて Tab キーを押すと、半角4文字分の字下げが行われます。

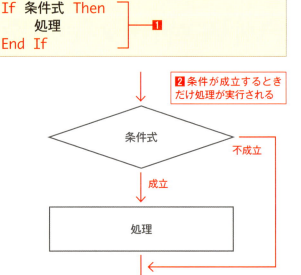

❷条件が成立するときだけ処理が実行される

2 If構文を使ってみる

If構文を使って、セルA3の値が70以上の場合に、メッセージ画面に「合格」と表示してみましょう。指定する条件式は、「セルA3の値が70以上」を意味する「Range("A3").Value >= 70」❸、実行する処理は「メッセージ画面に"合格"と表示する」です❹。

サンプル:2-13_条件分岐1.xlsm

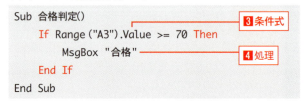

❸条件式
❹処理

3 マクロを実行する

マクロを実行してみましょう。セルA3の値が70以上（70を含む）である場合にだけ、処理を行います 5。例えば、セルA3に80を入力してマクロを実行すると、メッセージに「合格」と表示されます 6。セルA3に70未満の数値を入力してマクロを実行した場合は、何も表示されません。

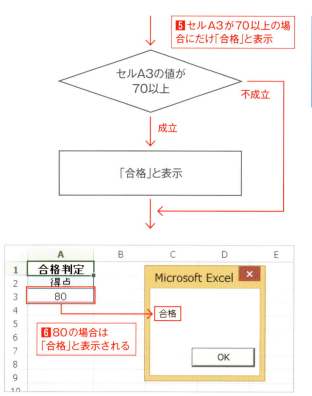

「If～Then～Else構文」で条件が成立するときとしないときで処理を切り替える

1 「If～Then～Else構文」と処理の流れ

条件式が成立する場合としない場合とで実行する処理を切り替えるには、If～Then～Else構文を使用します 1。条件式が成立した場合は処理1、成立しなかった場合は処理2が実行されます 2。

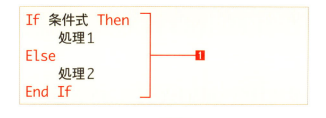

「処理」は複数行記述できる

「処理1」「処理2」の部分には、必要に応じて複数の命令文を記述できます。

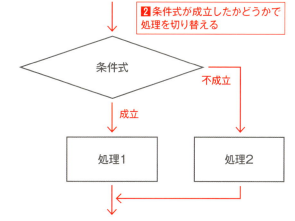

2 If～Then～Else構文を使ってみる

右のマクロは、セルA3の値が70以上の場合は「合格」、そうでない場合は「不合格」と、メッセージ画面に表示します。条件式は「セルA3の値が70以上」❸、成立の場合の処理は「メッセージ画面に"合格"を表示」❹、不成立の場合の処理は「メッセージ画面に"不合格"を表示」です❺。

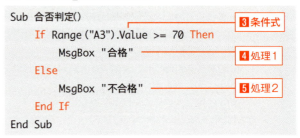

3 マクロを実行する

マクロを実行してみましょう。セルA3の値が70以上（70を含む）であるかどうかによって、実行する処理が切り替わります❻。例えば、セルA3に80を入力してマクロを実行すると、メッセージに「合格」と表示されます❼。セルA3に50を入力してマクロを実行した場合は、メッセージに「不合格」と表示されます❽。

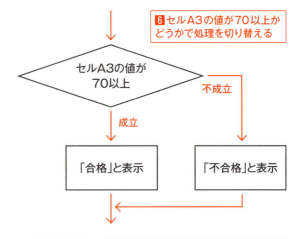

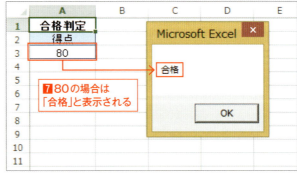

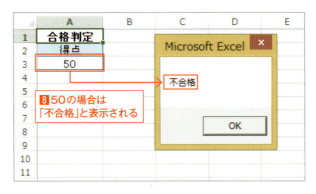

条件式の記述例

If構文の条件式には、通常、「=」「>=」などの「比較演算子」を使用した式を指定します。なお、Like演算子はCHAPTER 4-26で詳しく解説します。

比較演算子	意味	条件式の記述例	記述例の意味
=	等しい	Range("A1").Value = 100	セルA1の値が100に等しい
<>	等しくない	Range("A1").Value <> 100	セルA1の値が100に等しくない
>	大きい	Range("A1").Value > 100	セルA1の値が100より大きい
>=	以上	Range("A1").Value >= 100	セルA1の値が100以上
<	小さい	Range("A1").Value < 100	セルA1の値が100より小さい
<=	以下	Range("A1").Value <= 100	セルA1の値が100以下
Like	文字列の比較	Range("A1").Value Like "営業*"	セルA1の値が「営業」で始まる

複数の条件を同時に判定するには

「論理演算子」を使用すると、複数の条件を同時に判定したり、条件式の意味を反転させたりできます。And演算子、Or演算子、Not演算子の3種類あります。以下のマクロは、And演算子を使用して、2つの条件が両方成立するときにだけ、処理を実行する例です。

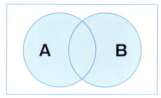

論理演算子	条件式の記述例	説明
And	num1 >= 100 And num2 >= 100	変数num1が100以上かつ変数num2が100以上
Or	num1 >= 100 Or num2 >= 100	変数num1が100以上または変数num2が100以上
Not	Not num1 >= 100	変数num1が100以上でない

サンプル:2-13_条件分岐3.xlsm

```
Sub 合否判定_2科目()
    If Range("A3").Value >= 70 And Range("B3").Value >= 70 Then
        MsgBox "合格"
    Else
        MsgBox "不合格"
    End If
End Sub
```

セルA3の値が70以上、かつセルB3の値が70以上の場合にだけ「合格」と表示し、それ以外は「不合格」と表示する

CHAPTER 2-14 同じ処理を何度も繰り返す

For～Next構文

ナビオ君、Excelの作業で面倒なことって、どんな作業？

あれも面倒、これも面倒、…。あ、単純作業の繰り返しが一番面倒かも。先日も、シート別に入力された各部署の名簿を1つのシートにまとめる作業をしたんですよ。シートを開いて表をコピーし、統合先のシートに貼り付ける、の繰り返しで。こんな作業も、マクロで自動化できますか？

もちろん！　繰り返しの構文をマスターすればね。たくさんある構文の中から、「For～Next構文」を紹介するわね。

1 For～Next構文

For～Next構文では、「カウンター変数」と呼ばれる数値型の変数で回数を数えながら処理を繰り返します❶。「初期値」「最終値」「増分値」が回数を数える条件となります。「Step 増分値」は省略が可能で、省略した場合の増分値は1となります。

```
For カウンター変数 = 初期値 To 最終値 ［Step 増分値］
    処理
Next
```
❶

2 For～Next構文を使ってみる

For～Next構文を使って、セルA1～A5に1から5の数値を入力してみましょう。まず、カウンター変数として整数型の変数iを用意します❷。変数iの初期値は1❸、最終値は5です❹。繰り返す処理は、「A列i行目のセルに変数iの値を入力する」です❺。

サンプル:2-14_繰り返し1.xlsm

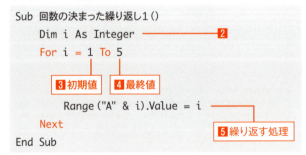

```
Sub 回数の決まった繰り返し1()
    Dim i As Integer        ❷
    For i = 1 To 5
                ❸初期値   ❹最終値
        Range("A" & i).Value = i
    Next                    ❺繰り返す処理
End Sub
```

カウンター変数の変数名

カウンター変数の変数名には、慣習的に小文字の「i」や「j」がよく使用されます。

3 マクロを実行する

処理の流れを考えてみましょう。最初に変数iに初期値の1が代入されます❻。処理が1回実行されると、変数iに1が加算されます❼。同様に処理を繰り返し、変数iが最終値の5を超えると、繰り返し処理が終了します❽。マクロを実行すると、セルA1～A5に1から5の数値が入力されます❾。

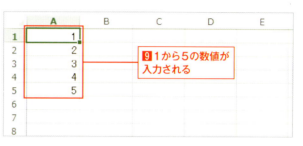

> **Hint! ループ処理**
> 繰り返し処理は、「ループ処理」とも呼ばれます。

4 増分値を変えてみる

手順1のマクロのFor～Next構文に「Step 2」を加えて❿、「Range ("A" & i)」を「Range ("B" & i)」に修正して⓫、マクロを実行してみましょう。増分値が2となるので変数iは「1」「3」「5」と変化し、繰り返し処理が3回実行されます⓬。

サンプル:2-14_繰り返し2.xlsm

```
Sub 回数の決まった繰り返し2()
    Dim i As Integer
    For i = 1 To 5 Step 2        ❿ 増分値を指定
        Range("B" & i).Value = i
    Next                         ⓫ B列に値を入力
End Sub
```

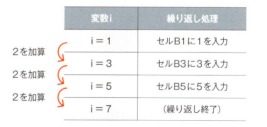

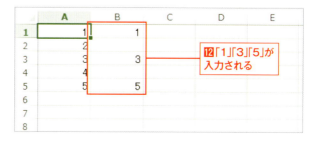

> **Hint! 増分値に負の数も指定できる**
> For～Next構文の増分値に負の値を指定することもできます。その場合、初期値に最終値よりも大きい数値を指定します。例えば、「For i = 5 To 1 Step -2」とすると、変数iは2ずつ減算されて、「5」「3」「1」と変化します。
>
> For i = 5 To 1 Step -2

CHAPTER 2-15 セルのさまざまな指定方法

セルの指定

本格的なマクロ作りに取り組む前に、あとひとつだけ基本事項を確認しておきましょう。セルの指定方法についてよ。

セルの指定って、「Range("B3")」とか「Range("C6:D8")」のことですか。それならバッチリ、マスターしましたよ!

その方法は、決まったセルに操作するときにしか使えないわ。「マクロの実行時に選択されているセル」とか「マクロの実行時点で入力されている表の範囲」などを操作対象にしたいこともあるでしょう。さまざまな状況におけるセルの指定方法を知っておけば、マクロでできる処理が広がるのよ。

セル番号や行／列番号がわかる場合は「Range」

1 セル番号がわかる場合はRangeプロパティを使う

まずは、Rangeプロパティの使い方をおさらいしておきましょう。引数にセル番号を指定すると、指定したセルやセル範囲が取得されます 。また、行番号や列番号を指定して、行や列を取得することもできます。

Range ("セル番号")

記述例	説明
Range ("B3")	セルB3
Range ("B3:D8")	セルB3〜D8
Range ("B" & i)	B列のi行目のセル
Range ("1:3")	行1〜行3
Range ("3:3")	行3
Range ("A:C")	列A〜列C
Range ("B:B")	列B

2 行番号を変数で指定したいときに便利

マクロでは、行番号を変数に入れて処理を行うことがよくあります。「Range ("B" & i)」と記述すると、「B列のi行目のセル」という意味になります 。例えば、変数iに3が代入されている場合、「Range ("B" & i)」は「Range ("B3")」と見なせます 。

Range ("B" & i).Select

 B列のi行目のセルを選択する

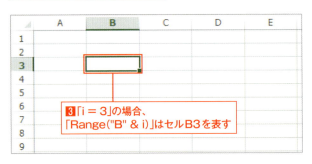

「i = 3」の場合、「Range("B" & i)」はセルB3を表す

Hint! Selectメソッド
セルを選択するメソッドです。

3 行番号と列番号を指定してセルを取得する

Cellsプロパティの引数に行番号と列番号を指定して、セルを取得することもできます4。「i行j列目のセル」という具合に、数値型の変数でセルを指定したいときに役に立ちます。引数を省略して「Cells」と記述した場合は、ワークシート上のすべてのセルを取得できます。

`Cells([行番号],[列番号])` 4

記述例	説明
Cells (3, 2)	3行2列目のセル(セルB3)
Cells (3, "B")	3行目のB列のセル(セルB3)
Cells (i, j)	i行j列目のセル
Cells	ワークシート上のすべてのセル

Hint! わからなくなったときにこのページに戻って復習しよう

このセクションではセルのさまざまな指定方法を紹介しますが、最初からすべてを覚える必要はありません。最初はどんなことができるのかだけを把握しておき、実際にマクロを組むようになってから、このページに戻って復習すればよいでしょう。

選択中のセルやセル範囲は「ActiveCell」または「Selection」

1 アクティブセルと選択中のセル

選択されているセルを取得するにはActiveCellプロパティかSelectionプロパティを使用します1。複数のセルを選択している場合、ActiveCellプロパティは選択範囲中のアクティブセルのみを取得するのに対して2、3、Selectionプロパティは選択範囲全体を取得します4、5。

2 アクティブセルの値を「VBA」にする

3 選択範囲中のアクティブセルだけに文字が入力される

4 選択されているセルの値を「Excel」にする

5 選択範囲のすべてのセルに文字が入力される

Hint! 単一セルを選択した場合

選択しているセルが単一のセルの場合、ActiveCellプロパティが指すセルもSelectionプロパティが指すセルも同じです。

行や列を取得するには「Rows」「Columns」

1 ワークシートの行や列を取得する

ワークシートの行や列を取得するには、RowsプロパティとColumnsプロパティを使用します❶。例えば、「Rows（3）.Select」と記述すると❷、ワークシートの3行目が選択されます❸。引数を省略した場合は、全行や全列を取得できます。

```
Rows（[行番号]）
Columns（[列番号]）
```
❶

記述例	説明
Rows（2）	行2
Rows（"2:4"）	行2～行4
Rows	ワークシート上の全行
Columns（2）	列B
Columns（"B"）	列B
Columns（"B:D"）	列B～列D
Columns	ワークシート上の全列

```
Rows（3）.Select
```
❷3行目を選択する

❸ワークシートの3行目が選択される

Hint! 省略可能な引数

プロパティやメソッドの引数には、省略してもかまわないものがあります。本書では、そのような引数を「Rows（[行番号]）」のように角カッコ「[ ]」で囲んで表記します。

2 セル範囲の行や列を取得する

RowsプロパティやColumnsプロパティの前にRangeオブジェクトを指定すると、セル範囲の中の行や列を取得できます❹。例えば、「Range（"B3:F9"）.Rows（3）.Select」と記述すると❺、セルB3～F9の中で3行目にあたるセルB5～F5が選択されます❻。

```
セル範囲.Rows（[行番号]）
セル範囲.Columns（[列番号]）
```
❹

```
Range（"B3:F9"）.Rows（3）.Select
```
❺セルB3～F9の3行目を選択する

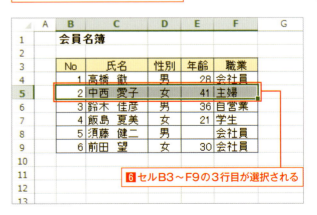

❻セルB3～F9の3行目が選択される

Hint! 行番号と列番号を調べるには「Row」と「Column」を使う

RangeオブジェクトのRowプロパティで行番号、Columnプロパティで列番号が求められます。例えば、セルB3が選択されている場合、「ActiveCell.Row」は3、「ActiveCell.Column」は2となります。「Rows」「Columns」と混同しないように注意しましょう。

表のセル範囲を自動で取得するには「CurrentRegion」

1 表のセル範囲を自動で取得する

CurrentRegionプロパティを使用すると、指定したセルを含む空白行と空白列で囲まれた長方形の範囲を自動取得できます❶。表に隣接するセルに何も入力しないようにしておけば、表の範囲を自動取得できます。例えば、右のように記述すると❷、セルB3を含む表のセル範囲を選択できます❸。

```
セル.CurrentRegion          ❶
```

```
Range("B3").CurrentRegion.Select
```
❷ セルB3を含む表のセル範囲を選択する

❸ 表全体が選択される

2 表の行数や列数を取得する

売上台帳など日々データが追加されていくタイプの表で、現時点での表の行数を知りたいことがあります。RowsプロパティとCountプロパティを使用すれば表の全行数、ColumnsプロパティとCountプロパティを使用すれば表の全列数を取得できます❹。例えば、右のように記述すると❺、表の行数がわかります❻。

```
セル範囲.Rows.Count
セル範囲.Columns.Count      ❹
```

```
MsgBox Range("B3").CurrentRegion.Rows.Count
```
❺ セルB3を含む表のセル範囲の行数をメッセージ画面に表示する

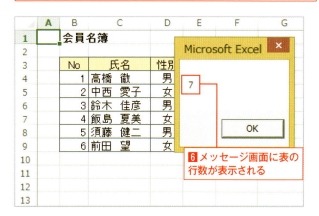

❻ メッセージ画面に表の行数が表示される

3 表の○行目や○列目を取得する

表の○行目や○列目を取得するには、RowsプロパティとColumnsプロパティを使用します。例えば、右のように記述すると7、セルB3を含む表の2列目が選択されます8。

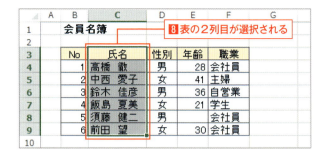

`Range("B3").CurrentRegion.Columns(2).Select`

7 セルB3を含む表の2列目を選択する

8 表の2列目が選択される

Hint! 「CurrentRegion」で取得される範囲

「セル.CurrentRegion」で取得される範囲は、指定したセルを含む空白行と空白列で囲まれた長方形のセル範囲です。セルに隣接するセルに何かが入力されていると1、そのセルを含めた長方形のセル範囲が取得されてしまいます2。表の周りに覚書などを入力する場合は、1行または1列空けて入力しましょう。

1 隣のセルにデータが入力されていると、
2 そのセルを含めた長方形のセル範囲が取得される

基準のセルから○行○列移動したセルを取得するには「Offset」

1 基準のセルから○行○列移動する

Offsetプロパティの引数に行数と列数を指定すると、基準のセルの「1行下のセル」「2列の右のセル」などを取得できます1。引数に正数を指定すると下、右に移動し、負数を指定すると上、左に移動します。例えば、「Range("B4").Offset(1, 1)」と記述すると、セルB4の1行下1列右にあるセルC5が取得されます2。

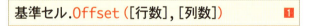

基準セル.Offset([行数], [列数]) 1

2 Range("B4").Offset(1, 1)

Hint! 引数の省略

引数を省略した場合は、0を指定したときと同じ動作になります。「Offset(1)」と「Offset(1, 0)」は、ともに基準のセルの1行下のセルを表します。また、「Offset(, 1)」と「Offset(0, 1)」は、ともに基準のセルの1列右のセルを表します。

2 セル範囲を基準とすることも可能

基準としてセル範囲を指定した場合、同じ大きさのセル範囲が取得されます。例えば「Range("A1:B4").Offset(2, 3)」は 3、セルA1～B4の2行下3列右にあるセルD3～E6を表します 4。

```
Range("A1:B4").Offset(2, 3).Select
```

3 セルA1～B4の2行下3列右にあるセルを選択する

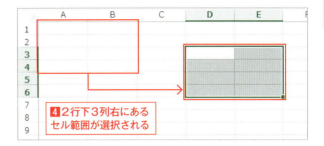

4 2行下3列右にあるセル範囲が選択される

セルやセル範囲のサイズを変更するには「Resize」

1 セルやセル範囲のサイズを ○行○列の大きさにする

Resizeプロパティを使用すると、指定したセルから始まる○行○列のセル範囲を取得できます 1。基準としてセル範囲を指定した場合、そのセル範囲の左上隅のセルから始まる○行○列のセル範囲が取得されます。引数を省略した場合は、現在と同じ行数、または同じ列数になります。

基準セル.Resize([行数], [列数]) 1

記述例	説明
Range("B3").Resize(2, 3)	セルB3から始まる2行3列（セルB3～D4）
Range("B3:D3").Resize(2)	セルB3から始まる2行同列（セルB3～D4）
Range("B3:B7").Resize(, 3)	セルB3から始まる同行3列（セルB3～D7）
Range("B3:C4").Resize(4, 3)	セルB3から始まる4行3列（セルB3～D6）

2 先頭行を除いた表の データ行の範囲を取得する

表の先頭の見出し行を除いたデータ行のセル範囲を取得してみましょう。表はセルB3から始まり、列数は5列で固定、行数は日々増えていくものとします。まず、CurrentRegionプロパティを使用して、現在の表の行数を求めます 2。データ行はセルB4から始まるのでそれを基準として、求めた行数行、5列の大きさに変更します 3、4。

2 変数「行数」にセルB3を含む表の行数を代入する

```
Dim 行数 As Long
行数 = Range("B3").CurrentRegion.Rows.Count
Range("B4").Resize(行数 - 1, 5).Select
```

3 セルB4から「行数-1」行5列の範囲を選択する

4 見出し行を除いたデータ行全体が選択される

3 特定の列のデータの範囲を取得する

列ごとに表示形式や文字配置を設定したいときなど、特定の列のデータ範囲を取得したいことがあります。そのようなときは、先頭のセルを基準として、「行数-1」行1列の大きさに変更します **5**、**6**。

```
Range("D4").Resize(行数 - 1).Select
```

5 セルD4から「行数-1」行の範囲を選択する

	A	B	C	D	E	F	G
1		会員名簿					
2							
3		No	氏名	性別	年齢	職業	
4		1	高橋 徹	男	28	会社員	
5		2	中西 愛子	女	41	主婦	
6		3	鈴木 佳彦	男	36	自営業	
7		4	飯島 夏美	女	21	学生	
8		5	須藤 健二	男		会社員	
9		6	前田 望	女	30	会社員	
10							

6 D列のデータ行が選択される

オブジェクトの階層構造

1 ほかのシートのセルやほかのブックのセルの指定

ブック、ワークシート、セルは階層構造になっており **1**、階層を指定するときは「.」（ピリオド）で結びます **2**。単に「Range("A1")」のようにRangeオブジェクトだけを指定すると、アクティブシートのセルを指定したことになります **3**。ほかのシートのセルを指定するには、Worksheetオブジェクトを明記します **4**。また、ほかのブックのセルを指定するには、WorkbookオブジェクトとWorksheetオブジェクトを明記します **5**。

Workbookオブジェクト
└ Worksheetオブジェクト
　└ Rangeオブジェクト

1 ブック、ワークシート、セルは階層構造になっている

```
Workbookオブジェクト.Worksheetオブジェクト.Rangeオブジェクト
```
2

```
Range("A1").Value = 100
```
3 （アクティブブックのアクティブシートの）セルA1に100を入力する

```
Worksheets(1).Range("A1").Value = 100
```
4 （アクティブブックの）1番目のワークシートのセルA1に100を入力する

```
Workbooks(1).Worksheets(1).Range("A1").Value = 100
```
5 1番目のブックの1番目のワークシートのセルA1に100を入力する

2 さまざまな指定方法がある

2の「Rangeオブジェクト」の部分には、さまざまな指定方法が当てはまります 6。このセクションで紹介したRange、Cells、Selection、ActiveCell、Rows、Columns、CurrentRegion、Offset、Resizeは、すべてRangeオブジェクトの指定方法として使用できます。

6 1番目のブックの1番目のワークシートのセルA3を含む表の3行目に100を入力する

3 ブックやシートの指定方法

Rangeオブジェクトの指定方法が複数あるように、WorkbookオブジェクトやWorksheetオブジェクトにも下表のとおりさまざまな指定方法があります。

Workbookオブジェクトの記述例

記述例	説明
Workbooks ("Book1.xlsx")	「Book1.xlsx」という名前のブック
Workbooks (2)	2番目に開いたブック
ActiveWorkbook	アクティブなブック
ThisWorkbook	実行中のマクロを記述しているブック

Worksheetオブジェクトの記述例

記述例	説明
Worksheets ("Sheet1")	「Sheet1」という名前のワークシート
Worksheets (2)	2番目の位置にあるワークシート
ActiveSheet	アクティブシート

4 セルの下にも階層がある

Rangeオブジェクトの下にも、オブジェクトの階層があります 7。例えば、Interiorオブジェクトは、セルに塗りつぶしの色を設定するときに使用します 8。また、Fontオブジェクトは、セルのフォント関連の設定に使用します 9。Interiorオブジェクトは CHAPTER 3-16、FontオブジェクトはCHAPTER 3-19で詳しく説明します。

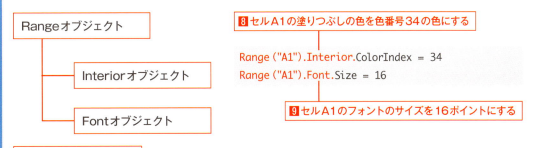

7 Rangeオブジェクトの下にも階層がある

8 セルA1の塗りつぶしの色を色番号34の色にする

```
Range ("A1").Interior.ColorIndex = 34
Range ("A1").Font.Size = 16
```

9 セルA1のフォントのサイズを16ポイントにする

COLUMN

エラーの対処

複雑な処理を行うマクロを作るようになると、完成するまでには、何度もエラーに悩まされます。エラーには「コンパイルエラー」と「実行時エラー」があります。

コンパイルエラーに対処する

コンパイルエラーとは、VBAの文法に沿っていないコードに対するエラーです。「(」に対する「)」が足りない場合など、簡単な文法上のミスは入力時にチェックされ、その場でエラーメッセージが表示されます❶、❷。また、マクロを実行するときにも実際に実行が始まる前に文法チェックが行われ、ミスがあるとエラーメッセージが表示されます。

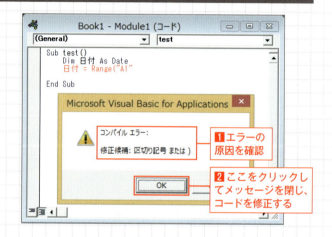

❶エラーの原因を確認
❷ここをクリックしてメッセージを閉じ、コードを修正する

実行時エラーに対処する

1 文法上のエラーがない場合でも、必要なデータがセルに入力されていない場合など、実行の途中でエラーが発生してエラーメッセージが表示されることがあります。エラーの内容を確認して❶、[デバッグ] ボタンをクリックします❷。

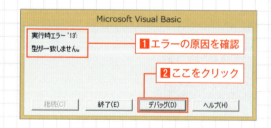

❶エラーの原因を確認
❷ここをクリック

2 マクロの実行が中断モードになり、エラーの原因となっているコードが黄色く反転します❸。ツールバーの [リセット] ボタンをクリックすると❹、実行が終了するのでエラーに適切に対処します。

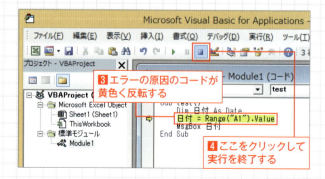

❸エラーの原因のコードが黄色く反転する
❹ここをクリックして実行を終了する

CHAPTER 3 書式設定・編集操作でラクしよう

- 3-16 1行おきに色を付ける
  [色の設定]
- 3-17 5行単位で中罫線を点線にする
  [罫線の種類]
- 3-18 1行おきに行を挿入する
  [行の挿入]
- 3-19 「小計」と入力された行を目立たせる
  [フォントの設定]
- 3-20 分類ごとに罫線で区切る
  [罫線の太さ]
- 3-21 「販売終了」のデータを削除する
  [行の削除]
- 3-22 データの並び順を素早く切り替える
  [並べ替え]
- 3-23 セルに指定した条件で抽出する
  [オートフィルター]

COLUMN デバッグ（ステップ実行）

CHAPTER 3-16 | 1行おきに色を付ける

色の設定

 マイコ先輩、聞いてください!
表を見やすくしようと思って、1行おきに色を塗って縞模様にしたんです。

 縞模様にすれば、データを目で追いやすくなるものね。

 ところが、たびたびデータの追加や削除があって、そのたびに崩れた縞模様を設定し直さなきゃいけなくて…。データも50件以上あるし、大変です(涙)。

 そんなときこそ、マクロの出番よ!
繰り返し構文を使えば、100件でも1000件でもどんと来い、よ!

マクロの動作

縞模様の書式が崩れてしまった表があります❶。マクロを実行すると、1行おきの縞模様が設定し直されます❷。

❶表を表示してマクロを実行

❷1行おきに色が設定された

 マクロ作りの方針

あらかじめデータ行(セルA4～D53)の色を解除しておきます。For～Next構文を使用して、データの先頭行(4行目)から末尾行(53行目)までの範囲に、1行おきに色を塗ります。

コード

サンプル:3-16_隔行色設定.xlsm

```
[1]  Sub 隔行色設定()
[2]      Dim i As Integer
[3]      Range("A4:D53").Interior.ColorIndex = xlNone         ─A
[4]      For i = 4 To 53 Step 2
[5]          Range("A" & i).Resize(1, 4).Interior.ThemeColor = xlThemeColorAccent1   ─C ─B
[6]          Range("A" & i).Resize(1, 4).Interior.TintAndShade = 0.8
[7]      Next
[8]  End Sub
```

[1] [隔行色設定]マクロの開始。
[2] 整数型の変数iを用意する。行番号を数えるカウンター変数。
[3] セルA4～D53の塗りつぶしの色をなしにする。
[4] For～Next構文の開始。変数iが4から53になるまで2ずつ加算しながら繰り返す。
[5] A列i行目のセルから1行4列の範囲に[アクセント1]の色を設定する。
[6] A列i行目のセルから1行4列の範囲の塗りつぶしの色の明るさを0.8にする。
[7] For～Next構文の終了。
[8] マクロの終了。

A 塗りつぶしの色を解除する

セルの塗りつぶしの色を操作するには、「Rangeオブジェクト.Interior」(Interiorオブジェクト)のプロパティを使用します。色を解除して、塗りつぶしなしの状態にしたいときは、ColorIndexプロパティに「xlNone」を設定します❶。

`Rangeオブジェクト.Interior.ColorIndex = xlNone` ❶

ここでは、Rangeオブジェクトとして「Range("A4:D53")」を指定したので、コード[3]を実行すると、セルA4～D53の塗りつぶしの色が解除されます❷。なお、色が設定されていない新しい表でマクロを実行する場合、コード[3]は不要ですが、あっても差し支えありません。

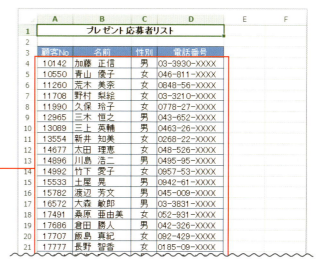

❷塗りつぶしの色が解除される

B データの行数分だけ処理を繰り返す

1行おきに色を付けるために、For～Next構文を使用します❶。

```
For カウンター変数 = 初期値 To 最終値 Step 増減値
  :
Next
```

データは、ワークシートの4行目から53行目に入力されています。そこで、For～Next構文の初期値として4、最終値として53を指定します❷。1行飛ばしで色を付けるので、増減値には2を指定します❸。

```
[4] For i = 4 To 53 Step 2
    :
[7] Next
```

カウンター変数iは、4から53まで2ずつ加算しながら「4、6、8…、52」と増えていきます。繰り返し処理の中で次の図のような処理が行われます。

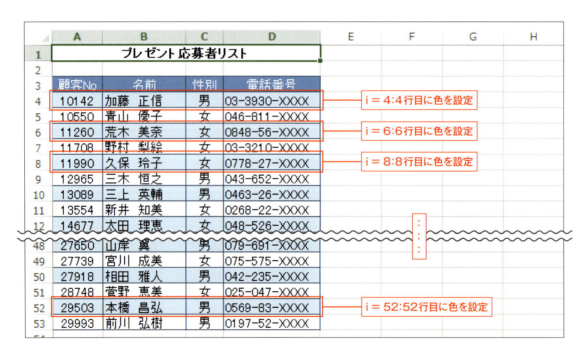

C i行目のA～D列のセルに色を付ける

ここでは、[ホーム]タブの[塗りつぶしの色]ボタンの[テーマの色]欄にある色を設定します。VBAでテーマの色を設定するには、ThemeColorプロパティとTintAndShadeプロパティを使用します❶。

```
Rangeオブジェクト.Interior.ThemeColor = 色合い
Rangeオブジェクト.Interior.TintAndShade = 明るさ
```

[テーマの色] 欄のどの列の色合いを設定するかはThemeColorプロパティ、どの行の明るさを設定するかはTintAndShadeプロパティで設定します。ここでは、左から5列目❷、上から2行目❸にある色を設定します❹。

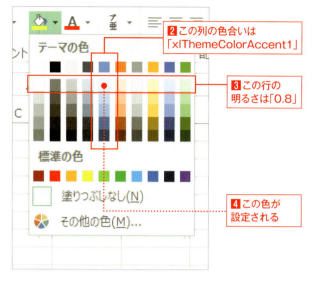

色を設定するセルは、i行目のA～D列のセルです。Rangeプロパティでi行目のA列のセルを取得し、Resizeプロパティでセル範囲を1行4列の大きさに広げてから❺、❻、[テーマの色] 欄の5列目❼、2行目の色を設定します❽。

Rangeオブジェクト.Resize([行数], [列数])　　　　　　　　　　　　　　❺

❻i行目のA列のセルから始まる1行4列のセル範囲　　　❼5列目の色合いを設定

[5] Range("A" & i).Resize(1, 4).Interior.ThemeColor = xlThemeColorAccent1
[6] Range("A" & i).Resize(1, 4).Interior.TintAndShade = 0.8

❽2行目の明るさを設定

Hint! テーマの色の設定値

ThemeColorプロパティの設定値は、右表のとおりです。TintAndShadeプロパティには、-1（暗い）から1（明るい）までの数値を設定できますが、カラーパレットの色を設定する際の設定値は下図の❹～❻の数値を使用します。

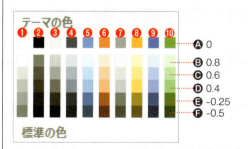

ThemeColorプロパティの設定値

設定値	説明
xlThemeColorDark1	❶背景1
xlThemeColorLight1	❷テキスト1
xlThemeColorDark2	❸背景2
xlThemeColorLight2	❹テキスト2
xlThemeColorAccent1	❺アクセント1
xlThemeColorAccent2	❻アクセント2
xlThemeColorAccent3	❼アクセント3
xlThemeColorAccent4	❽アクセント4
xlThemeColorAccent5	❾アクセント5
xlThemeColorAccent6	❿アクセント6

STEP UP　1行おきに異なる色を設定する

マクロ［隔行色設定］では色を塗る行と塗りつぶしなしの行を交互に配置しましたが、異なる色の行を交互に配置して縞模様にする方法もあります。次のコードでは、ワークシートの偶数行に［テーマの色］欄の5列目（ThemeColor：xlThemeColorAccent1）、2段目（TintAndShade：0.8）の色、奇数行に5列（ThemeColor：xlThemeColorAccent1）、4段目（TintAndShade：0.4）の色を塗り分けます。赤字部分がマクロ［隔行色設定］からの修正箇所です。

サンプル:3-16_隔行色設定_応用1.xlsm

```
[1] Sub 隔行色設定_応用1()
[2]     Dim i As Integer
[3]     Range("A4:D53").Interior.ThemeColor = xlThemeColorAccent1
[4]     For i = 4 To 53
[a]         If i Mod 2 = 0 Then
[6]             Range("A" & i).Resize(1, 4).Interior.TintAndShade = 0.8
[b]         Else
[c]             Range("A" & i).Resize(1, 4).Interior.TintAndShade = 0.4
[d]         End If
[7]     Next
[8] End Sub
```

まず、コード［a］でデータ行全体に［アクセント1］の色を設定します❺。繰り返し処理の中で変数iを2で割った余り（i Mod 2）を求め、余りが0なら（偶数行なら）明るさを0.8に、0でないなら（奇数行なら）明るさを0.4に変更します❻。この処理により、ワークシートの4行目から53行目までが明るさが異なる色の縞模様になります。

❺いったん全行を［アクセント1］の色にする

❻偶数行の明るさを0.8、奇数行の明るさを0.4にすると縞模様になる

STEP UP データの入力範囲を自動認識して1行おきに色を設定する

表の途中に新しい行を挿入したり、不要な行を削除したりすると、縞模様が崩れ、表全体の行数も変わります。そのようなことが頻繁に起こる場合は、表の最終行の行番号を自動取得できるようにマクロを改良すると便利です❶。赤字部分がマクロ［隔行色設定］からの修正箇所です。

サンプル:3-16_隔行色設定_応用2.xlsm

```
[1] Sub 隔行色設定_応用2()
[a]     Dim 最終行番号 As Long
[2]     Dim i As Long
[b]     最終行番号 = Range("A3").CurrentRegion.Rows.Count + 2
[3]     Range("A4:D" & 最終行番号).Interior.ColorIndex = xlNone
[4]     For i = 4 To 最終行番号 Step 2
[5]         Range("A" & i).Resize(1, 4).Interior.ThemeColor   = xlThemeColorAccent1
[6]         Range("A" & i).Resize(1, 4).Interior.TintAndShade = 0.8
[7]     Next
[8] End Sub
```

❶表の全行数に2を加えて最終行の行番号を求める

表の行数は、55ページで紹介した方法で求めます❷、❸。サンプルの表は、ワークシートの3行目から始まっており、表の上に行が2行あります。この2行分を表の全行数（ここでは50行）に加えれば、表の最終行の行番号（ここでは53）がわかります❹。

Rangeオブジェクト.CurrentRegion.Rows.Count

❷指定したセルを含む表の行数

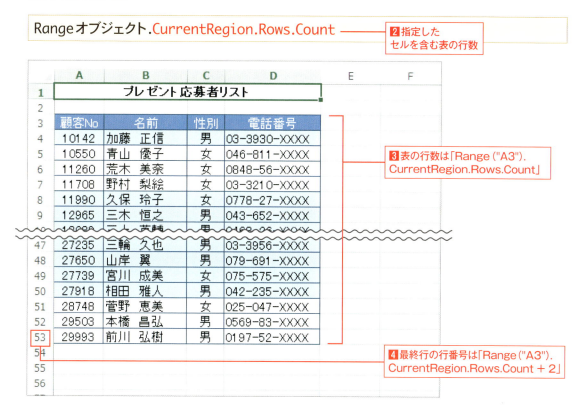

❸表の行数は「Range("A3").CurrentRegion.Rows.Count」

❹最終行の行番号は「Range("A3").CurrentRegion.Rows.Count + 2」

CHAPTER 3-17 | 5行単位で中罫線を点線にする

罫線の種類

 縞模様の問題は解決したけれど、罫線の設定も面倒なんですよね〜。

 罫線の繰り返しの設定もよくある作業ね。点線と実線を交互に繰り返したり、5行おきに太線にしたり。

 表の途中に後から行を追加すると、その行から罫線の引き直し。ホント、面倒です。

 今回は、5行単位で中罫線を点線にするマクロを作ってみましょう。2行おきとか10行おきとか、自分の表に合わせて行数を自由に変えられるし、線種も好きなものを設定すればいいから、応用範囲が広いわよ。

マクロの動作

データが入力された表があります❶。マクロを実行すると、格子罫線が設定され、さらに5行おきに中罫線が点線になります❷。

❶表を表示してマクロを実行

→

❷格子罫線が設定され、さらに5行おきに中罫線が点線になる

 マクロ作りの方針

見出し行（セルA3〜D3）に格子罫線を引いた後、ワークシートの4行目から32行目までを5行単位で区切りながら処理を繰り返します。繰り返す処理は、「5行4列の範囲に格子罫線を引く」「その内側の横線を点線に変える」の2つです。

コード

サンプル:3-17_中罫線変更.xlsm

```
[1]  Sub 中罫線変更()
[2]      Dim i As Integer
[3]      Dim 行間隔 As Integer       ┐
[4]      行間隔 = 5                  ┘ A
[5]      Range("A3:D3").Borders.LineStyle = xlContinuous    ── B
[6]      For i = 4 To 32 Step 行間隔                                    ┐
[7]          Range("A" & i).Resize(行間隔, 4).Borders.LineStyle = xlContinuous    ┐ D  │ C
[8]          Range("A" & i).Resize(行間隔, 4).Borders(xlInsideHorizontal).LineStyle = xlDot ┘    │
[9]      Next                                                          ┘
[10] End Sub
```

[1] [中罫線変更]マクロの開始。
[2] 整数型の変数iを用意する。行番号を数えるカウンター変数。
[3] 整数型の変数[行間隔]を用意する。点線の行間隔を代入する変数。
[4] 変数[行間隔]に5を代入する。
[5] セルA3～D3に実線の格子罫線を引く。
[6] For～Next構文の開始。変数iが4から32になるまで[行間隔]ずつ加算しながら繰り返す。
[7] A列i行目のセルから[行間隔]行4列の範囲に実線の格子罫線を引く。
[8] A列i行目のセルから[行間隔]行4列の範囲の内側の横線を点線に変える。
[9] For～Next構文の終了。
[10] マクロの終了。

A 変数[行間隔]を使用する

変数[行間隔]に、罫線の設定単位である5を代入します。変数[行間隔]はコード[6][7][8]で使用しています。これらのコードに直接「5」を記述せずに変数を使うことで、罫線の設定単位を後から変更しやすくなります。例えば、2行単位で中罫線を点線にしたい場合は、コード[4]を「行間隔 = 2」に変えるだけで、コード[6][7][8]も2行単位に変更したことになります **1**。

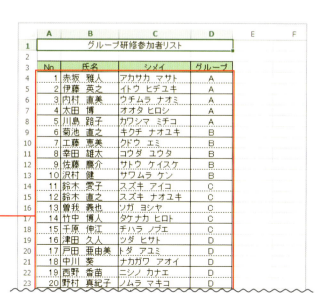

1 「行間隔 = 2」に変えると、2行間隔で点線を引ける

B 見出しの行に格子罫線を引く

セル範囲に実線の格子罫線を引くには、次のように記述します❶。「Borders」はセルの4辺、「LineStyle」は線の種類、「xlContinuous」は実線を意味します。コード[5]では、セルA3〜D3に実線の格子罫線を引きます❷〜❹。

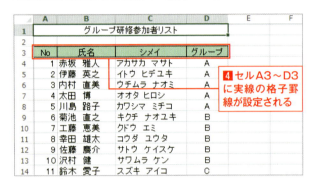

主な線の種類

設定値	説明
xlContinuous	――― 実線
xlDash	------ 破線
xlDot	・・・・ 点線
xlDouble	═══ 二重線
xlNone	線なし

※そのほかの設定値は226ページ参照。

C 5行単位で処理を繰り返す

For〜Next構文を使用して、1回の繰り返し処理で5行分ずつ罫線を設定します。データは、ワークシートの4行目から32行目に入力されています。そこで、For〜Next構文の初期値として4、最終値として32を指定します❶。増減値には変数[行間隔]を指定します❷。変数[行間隔]に5が代入されているので、変数iは、4、9、14、19、…29と変化します。

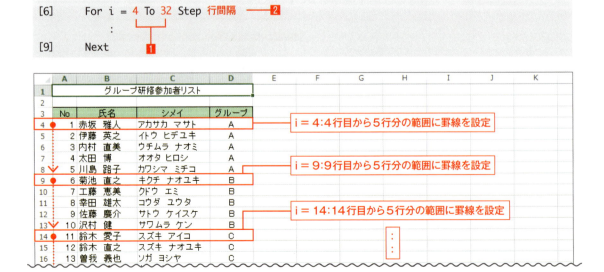

D 5行4列のセル範囲に罫線を設定する

罫線を設定するセルは、i行目のA列のセル（Range("A" & i)）から5行4列分のセル範囲です。このセル範囲は、Resizeプロパティを使用して取得します❶、❷。

まず、このセル範囲に実線の格子罫線を引きます❸。例えば、変数iが4の場合、セルA4～D8に罫線が設定されます❹。

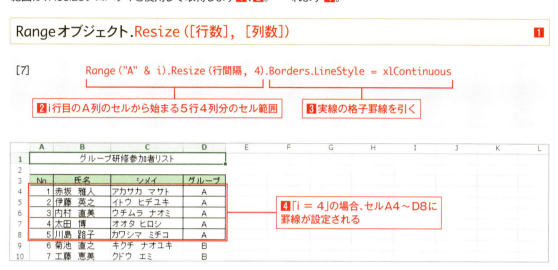

続いて、5行4列のセル範囲の内側の横線を点線にします。罫線を設定する位置は、「セル範囲.Borders(Index)」によって指定できます❺。引数Indexに「xlInsideHorizontal」を指定してセル範囲の内側の横線を取得し❻、点線を設定します❼。例えば、変数iが4の場合、セルA4～D8の内側の横線4本が点線になります❽。

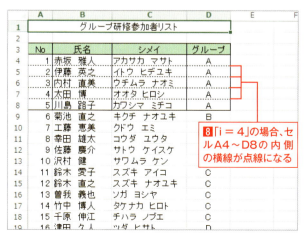

引数Indexの設定値

設定値	説明
xlEdgeTop	セル範囲の上端の罫線
xlEdgeBottom	セル範囲の下端の罫線
xlEdgeLeft	セル範囲の左端の罫線
xlEdgeRight	セル範囲の右端の罫線
xlInsideHorizontal	セル範囲の内側の水平罫線
xlInsideVertical	セル範囲の内側の垂直罫線
xlDiagonalDown	セルの右下がりの罫線
xlDiagonalUp	セルの右上がりの罫線

CHAPTER 3-18 | 1行おきに行を挿入する

行の挿入

 マイコ先輩、相談に乗ってください。実は、「新入社員一言コメント集」を作ることになって、とりあえず新入社員名簿から氏名データをコピーしたんです。

 コピーを利用すれば、入力の手間が省けるから効率的ね。

 そこまではよかったんですが…。コメントの入力用に1行おきに行を挿入しようと、「For～Next構文」を使って上から順に行と入れていったら、とんでもない表になってしまって…。

 上から入れていったのがNGなのよ。繰り返しの行挿入は、「下から上へ」が鉄則よ!

マクロの動作

罫線付きの表があります。マクロを実行すると、1行おきに空白行が挿入されます 2 。

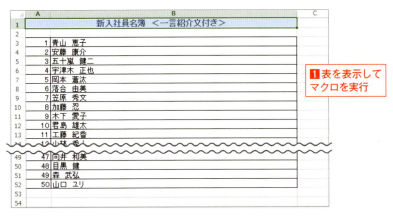

1 表を表示してマクロを実行

2 1行おきに空白行が挿入される

Hint! マクロ作りの方針

ワークシートの52行目から4行目まで、上に進みながら行を挿入していきます。行間の空白行には罫線が引かれますが、最終行の罫線はマクロ実行後に手動で設定しましょう。

コード

サンプル:3-18_空白行挿入.xlsm

```
[1] Sub 空白行挿入()
[2]     Dim i As Integer
[3]     For i = 52 To 4 Step -1
[4]         Rows(i).Insert ──── B ──── A
[5]     Next
[6] End Sub
```

[1] [空白行挿入]マクロの開始。
[2] 整数型の変数iを用意する。行番号を数えるカウンター変数。
[3] For～Next構文の開始。変数iが52から4になるまで1ずつ減算しながら繰り返す。
[4] i行目に行を挿入する。
[5] For～Next構文の終了。
[6] マクロの終了。

A 行を挿入する

Insertメソッドを使用すると、空白行を挿入できます。例えば、「Rows(i).Insert」と記述すると、i行目に空白行が挿入されます。元々あった行は、順に下にずれます。罫線表の途中に行を挿入した場合、挿入した行にも罫線が設定されます。

`Rows(行番号).Insert` 　■1

```
[4]         Rows(i).Insert ──── ■2 i行目に行を挿入
```

Hint! 複数の行を挿入するには

複数の行を挿入するには、「Rows("行番号:行番号").Insert」と記述します。例えば「Rows("3:6").Insert」と記述すると、3行目から6行目に4行の空白行を挿入できます。

Hint! 列を挿入するには

列を挿入するには、「Columns(列番号).Insert」という構文を使用します。例えば、「Columns(2).Insert」と記述すると、2列目(B列)に空白列を挿入できます。

Hint! 最終行の行挿入

表の途中に行を挿入すると、自動的に罫線が継承されます。しかし、表の最終行の次の行(ここでは「山口ユリ」の次の行)に行を挿入しても罫線は継承されず、見た目は行を挿入する前と変わりません。そこで、今回は52行目から4行目までの49行に行を挿入することにします。なお、表に色が設定されている場合、色は継承されるので、53行目から4行目までの50行に行を挿入するとよいでしょう。

B 下から上に向かって順に行を挿入する

このサンプルでは3～52行目にデータが入力されているので、4～52行目までの各行に行を挿入すれば、表の行間に1行ずつ空白行が入ります。ただし、4行目、5行目、6行目…と、上から順に行を挿入していくと、うまくいきません ■～■。行を挿入すると、下にあるデータが1行ずつずれてしまうからです ■。

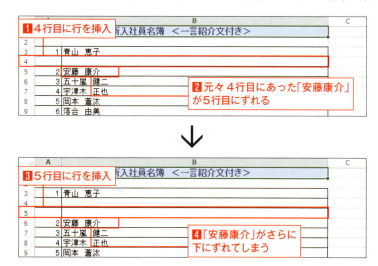

そこで、発想を転換しましょう。52行目、51行目、50行目…と、下から順に行を挿入していくのです。そうすれば、次の挿入先の行番号が固定され、期待通りに各行の間に行を挿入できるというわけです ■～■。

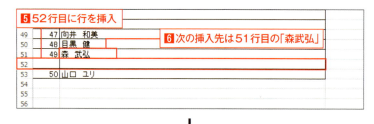

52、51、50…、4と、行番号を1ずつ減らしながら処理を繰り返すには、For～Next構文の初期値を52、最終値を4、増分値を「-1」とします ■。変数iの変化に応じて、「Rows(52)」「Rows(51)」「Rows(50)」と空白行の挿入位置が変化していきます。

```
[3] For i = 52 To 4 Step -1          ■
[4]     Rows(i).Insert
[5] Next
```

STEP UP 3行ずつ行を挿入するには

表の行間に3行ずつ挿入するには、マクロ［空白行挿入］のコード［4］の「Rows (i)」の部分を「Rows (i & ":" & i + 2)」に書き換えます。変数iが52のときは「Rows ("52:54").Insert」、51のときは「Rows ("51:53").Insert」が実行されます。

サンプル：3-18_空白行挿入_応用.xlsm

```
[1] Sub 空白行挿入_応用()
[2]     Dim i As Integer
[3]     For i = 52 To 4 Step -1
[4]         Rows(i & ":" & i + 2).Insert
[5]     Next
[6] End Sub
```

❶i行目から「i＋2」行目の範囲に行を挿入する

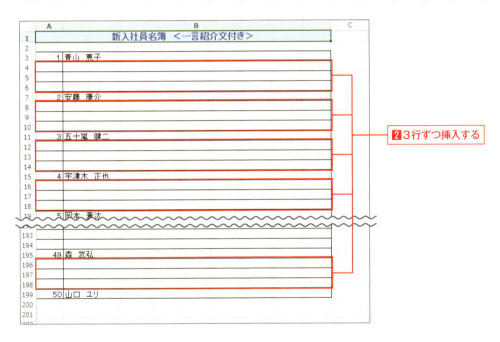

❷3行ずつ挿入する

Hint! 最終行に罫線を自動設定するには

マクロの中で最終行に罫線を引きたい場合は、設定先の行番号がわかる行挿入前に設定しましょう。1行挿入する場合は「Range ("A53:B53")」、3行挿入する場合は「Range ("A53:B55")」に対して罫線を設定します。

```
[2]     Dim i As Integer
[a]     Range("A53:B53").Borders.LineStyle = xlContinuous
[3]     For i = 52 To 4 Step -1
[4]         Rows(i).Insert
[5]     Next
```

CHAPTER 3-19 「小計」と入力された行を目立たせる

フォントの設定

 先輩、この表を見てください。

 何？ 都道府県別の集計表ね？

 よく見ないとわかりづらいんですが、ところどころに地方別の小計が入っているんです。小計行を目立たせたいんですが、4行とか7行とか、行数がまちまちだから、いつもの「For～Next構文」が使えなくて困っているんですよ。

 それなら、大丈夫。「For～Next構文」に「If構文」を組み合わせればOKよ!

マクロの動作

小計が計算されている集計表があります❶。マクロを実行すると、小計行に太字、フォントのサイズと色、塗りつぶしの色などの書式が設定されます❷。

❶表を表示してマクロを実行

❷「小計」と入力された行に書式が設定される

マクロ作りの方針

ワークシートの4行目から58行目まで、A列の値を1行ずつ順にチェックします。「小計」と入力されていたら、その行に書式を設定します。

コード

サンプル:3-19_小計行強調.xlsm

```
[1]  Sub 小計行強調()
[2]      Dim i As Integer
[3]      For i = 4 To 58
[4]          If Range("A" & i).Value = "小計" Then
[5]              Range("A" & i).Resize(1, 4).Font.Size = 12
[6]              Range("A" & i).Resize(1, 4).Font.Bold = True
[7]              Range("A" & i).Resize(1, 4).Font.ThemeColor = xlThemeColorAccent6
[8]              Range("A" & i).Resize(1, 4).Interior.ThemeColor = xlThemeColorAccent6
[9]              Range("A" & i).Resize(1, 4).Interior.TintAndShade = 0.8
[10]         End If
[11]     Next
[12] End Sub
```

[1] ［小計行強調］マクロの開始。
[2] 整数型の変数iを用意する。行番号を数えるカウンター変数。
[3] For〜Next構文の開始。変数iが4から58になるまで繰り返す。
[4] If構文の開始。A列i行目のセルの値が「小計」に等しい場合、
[5] A列i行目から1行4列分のセル範囲のフォントサイズを12ポイントにする。
[6] A列i行目から1行4列分のセル範囲の文字を太字にする。
[7] A列i行目から1行4列分のセル範囲の文字の色を［アクセント6］に設定する。
[8] A列i行目から1行4列分のセル範囲の塗りつぶしの色を［アクセント6］にする。
[9] A列i行目から1行4列分のセル範囲の塗りつぶしの色の明るさを0.8にする。
[10] If構文の終了。
[11] For〜Next構文の終了。
[12] マクロの終了。

Hint! コピーを利用して効率よく入力

コード[5]から[9]には「Range("A" & i).Resize(1, 4)」が共通しているので、コピーを利用して効率よく入力しましょう。コードをドラッグして選択し、Ctrl+Cキーを押すとコピーできます。貼り付け先にカーソルを置いて、Ctrl+Vキーを押すと貼り付けできます。このほか、CHAPTER 1-05で紹介したように、ボタン操作でコピーしてもかまいません。

A 1行ずつチェックを繰り返す

小計行を探すために、For～Next構文を使用して、ワークシートの4行目から58行目までを1行ずつチェックします❶。If構文を使用して、A列の値が「小計」に等しいかどうかを調べ❷、等しいときにだけ処理を実行します。

```
[3]      For i = 4 To 58          ❶
[4]          If Range ("A" & i) .Value = "小計" Then      ❷
                 :
[10]         End If
[11]     Next
```

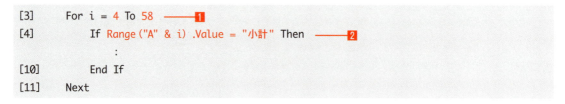

B セルの文字の書式を設定する

セルの文字の書式を操作するには、「Rangeオブジェクト.Font」（Fontオブジェクト）のプロパティを使用します。Sizeプロパティにフォントサイズ（単位はポイント）を設定すると、文字のサイズが変化します❶。BoldプロパティにTrueを設定すると太字になり、Falseを設定すると太字が解除されます❷。ThemeColorプロパティには、色合いを設定します❸。

```
Rangeオブジェクト.Font.Size = フォントサイズ        ❶
Rangeオブジェクト.Font.Bold = True / False         ❷
Rangeオブジェクト.Font.ThemeColor =色合い          ❸
```

FontオブジェクトのThemeColorプロパティの設定方法は、65ページで紹介したInteriorオブジェクトのThemeColorプロパティと同じです。ここでは、左から10列目の1番上にある色を設定します❹。設定値は「xlThemeColorAccent6」です。

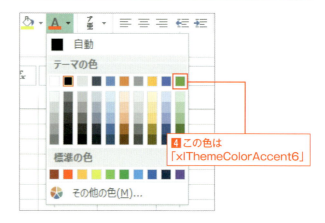

A列i行目のセルが「小計」だった場合、A列i行目のセルから1行4列の範囲に書式を設定します **5**。フォントサイズを12ポイントにし **6**、太字を設定して **7**、文字の色を[Accent6]にします **8**。

[5]　　　　Range("A" & i).Resize(1, 4).Font.Size = 12　　　　　— **6**

5 A列i行目のセルから始まる1行4列分のセル範囲

[6]　　　　Range("A" & i).Resize(1, 4).Font.Bold = True　　　　— **7**
[7]　　　　Range("A" & i).Resize(1, 4).Font.ThemeColor = xlThemeColorAccent6 — **8**

STEP UP　With構文を使用してオブジェクトの記述を省略する

マクロ[小計行強調]のコード[5]～[9]のように、同じオブジェクトに対する操作が続くときはWith構文を使用すると便利です。Withに続けてオブジェクトを指定すると、「End With」の行までの間、指定したオブジェクトの記述を省略できます **1**。例えば、「オブジェクト.プロパティ = 値」のオブジェクトを省略して、「.」(ピリオド)以降を記述します。「.」(ピリオド)は必要なので忘れずに入力しましょう **2**。

```
With オブジェクト
    :                    — 1
End With
```

サンプル:3-19_小計行強調_応用.xlsm

```
[1]  Sub 小計行強調_応用()
[2]      Dim i As Integer
[3]      For i = 4 To 58
[4]          If Range("A" & i).Value = "小計" Then
[a]              With Range("A" & i).Resize(1, 4)
[5]                  .Font.Size = 12
[6]                  .Font.Bold = True
[7]                  .Font.ThemeColor = xlThemeColorAccent6
[8]                  .Interior.ThemeColor = xlThemeColorAccent6
[9]                  .Interior.TintAndShade = 0.8
[b]              End With
[10]         End If
[11]     Next
[12] End Sub
```

CHAPTER 3-20 | 分類ごとに罫線で区切る

罫線の太さ

 なるほど、繰り返し構文と条件分岐構文を組み合わせれば、条件に応じてフォントや色の設定を繰り返せるんですね。

 そうよ。「条件に応じて罫線を引き分ける」なんてときにも使えるテクニックよ。

 それなら、こんな表はどうでしょうか？ さっきの表の変型版なんですが、地方ごとの区切りが一目でわかるように、うまく罫線を引けないでしょうか？

 ええ、簡単よ。早速、やってみましょう。

マクロの動作

データが地方別に並べられている表があります❶。マクロを実行すると、表に格子罫線が設定され、さらに地方別に太線で区切られます❷。

マクロ作りの方針

最初に表全体に格子罫線を引き、周囲を太線で囲んでおきます。ワークシートの4行目から50行目まで、C列の値を1行ずつ順にチェックし、すぐ上のセルと異なる値だったら、その行の上側に太線を設定します。

コード

サンプル:3-20_分類区切線.xlsm

```vb
[1]  Sub 分類区切線()
[2]      Dim i As Integer
[3]      Range("B3:F50").Borders.LineStyle = xlContinuous         ──A
[4]      Range("B3:F50").BorderAround , xlThick                    ──B
[5]      For i = 4 To 50
[6]          If Range("C" & i).Value <> Range("C" & i - 1).Value Then
[7]              Range("B" & i).Resize(1, 5).Borders(xlEdgeTop).Weight = xlThick  ──D  ┤C
[8]          End If
[9]      Next
[10] End Sub
```

- [1] [分類区切線]マクロの開始。
- [2] 整数型の変数iを用意する。行番号を数えるカウンター変数。
- [3] セルB3～F50に実線の格子罫線を引く。
- [4] セルB3～F50の周囲に太線の外枠を引く。
- [5] For～Next構文の開始。変数iが4から50になるまで繰り返す。
- [6] If構文の開始。C列i行目の値がC列i-1行目の値と等しくない場合、
- [7] B列i行目から1行5列分のセル範囲の上側に太線を引く。
- [8] If構文の終了。
- [9] For～Next構文の終了。
- [10] マクロの終了。

A 表全体に格子罫線を引く

コード[3]では、表全体に実線の格子罫線を引いています❶。「Range("B3:F50")」が表全体、「Borders.LineStyle」が格子罫線、「xlContinuous」が実線を表します。

❶表全体に格子罫線を引く

B 格子罫線の外枠を太線に変える

セル範囲の周囲に罫線を引くには、BorderAroundメソッドを使用します。省略可能な引数を5つ持ちますが、使用頻度が高いのは線の種類を指定する引数LineStyleと❶、線の太さを指定する引数Weightの2つです❷。コード［4］では2番目の引数Weightに「xlThick」を指定して❸、太線の外枠を引きました❹。

```
[4]     Range ("B3:F50").BorderAround , xlThick        ❸太線の外枠を引く
```

❹外枠だけ太線に変わる

線の太さ

設定値	説明
xlHairline	極細
xlThin	細
xlMedium	中
xlThick	太

C 1行ずつチェックを繰り返す

地方区分の変わり目を探すために、For～Next構文を使用して、ワークシートの4行目から50行目までを1行ずつチェックします❶。If構文を使用して、C列のセルの値が上のセルの値と異なるかどうかを調べます❷。異なる場合は、地方区分の変わり目と判断できます。

```
[5]     For i = 4 To 50 ──────❶
[6]         If Range ("C" & i).Value <> Range ("C" & i - 1).Value Then
            ：
[8]         End If
[9]     Next
```

❷1つ上のセルの値と異なるかどうかをチェック

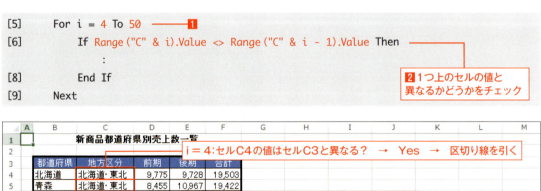

D 区切り線を引く

C列のセルの値が上のセルの値と異なる場合は、地方区分の変わり目と見なして、現在行の上側に太線の区切り線を引きます。罫線を設定する位置は、「セル範囲.Borders（Index）」によって指定できます ■1。引数Indexに「xlEdgeTop」を指定すると、セル範囲の上側に罫線を引けます。

> Rangeオブジェクト.Borders([Index])   ■1

引数Indexの主な設定値

設定値	説明
xlEdgeTop	セル範囲の上端の罫線
xlEdgeBottom	セル範囲の下端の罫線
xlEdgeLeft	セル範囲の左端の罫線
xlEdgeRight	セル範囲の右端の罫線

※そのほかの設定値は226ページ参照。

罫線を引くには、70ページで紹介したLineStyleプロパティに線の種類を指定して引く方法と、Weightプロパティに線の太さを指定して引く方法があります。今回は、太線を引きたいのでWeightプロパティを使用します ■2。設定値は、BorderAroundメソッドの引数Weightの設定値と同じです（82ページ参照）。

> Rangeオブジェクト.Borders([Index]).Weight = 設定値   ■2

コード[7]では、「Range（"B" & i）.Resize（1, 5）」で表のi行目のセル範囲を取得し ■3、その上端に ■4、太線を引いています ■5。例えば、「i=11」の場合、セルB11～F11の上端に太線が引かれます ■6。

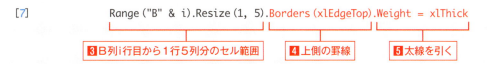

[7]　　　Range("B" & i).Resize(1, 5).Borders(xlEdgeTop).Weight = xlThick

■3 B列i行目から1行5列分のセル範囲　　■4 上側の罫線　　■5 太線を引く

■6「i=11」のとき、セルB11～F11の上端に太線が引かれる

Hint! 格子罫線の後に太線を引く

同じ位置に罫線を引くと、先に設定した罫線は後から引いた罫線で上書きされます。表に効率よく罫線を引くには、まずもっともよく使われる線の種類や太さを全体に設定し、そのあと必要な箇所を必要な線で上書きしていきます。

STEP UP 分類名の入力がない場合は上と同じ分類と見なして罫線を引く

左下の表では、地方名は各地方の先頭行に入力されており、2行目以降は空白セルになっています❶。この表に罫線を設定して、右下の罫線表のようにしてみましょう❷。

まず、表全体に格子罫線を設定します❸。For～Next構文を使用してワークシートの4行目から50行目を順にチェックします❹。B列i行目のセルが空白（「""」）だった場合、B列i行目のセルの上端の罫線を消します❺。LineStyleプロパティに「xlNone」を設定すると、罫線を消せます。

サンプル:3-20_分類区切線_応用.xlsm

Hint! メソッドの引数の指定方法

引数の指定方法は、2とおりあります。1つは「名前付き引数」と呼ばれる指定方法で、「引数名:=値」というように引数名を付けて指定する方法です **1**。「=」ではなく「:=」(コロンとイコール) を使用することに注意してください。

```
オブジェクト.メソッド 引数1:=値1, 引数2:=値2,…
```
1

例えば、BorderAroundメソッドの1番目の引数名はLineStyle、2番目の引数名はWeightですが **2**、これらの引数を名前付き引数の形式で指定するには、**3** のように記述します。

```
Rangeオブジェクト.BorderAround([LineStyle], [Weight])
```
2

```
Range("B2:D6").BorderAround LineStyle:=xlDash, Weight:=xlMedium
```
3 引数を名前付き引数で指定

名前付き引数では、引数を並べる順序は構文通りでなくてもかまいません。省略する引数のことは気にせず、必要な引数だけを記述します。BorderAroundメソッドで引数Weightだけを指定したいときは、**4** のように記述します。どの引数を指定しているのかを明示したい場合や、多数の引数を持つメソッドで後ろのほうの引数だけを指定する場合に、この記述方法を使用するとよいでしょう。

```
Range("B2:D6").BorderAround Weight:=xlMedium
```
4 必要な引数だけを記述

引数のもう1つの指定方法は、引数に設定する値を「,」(カンマ) で区切って指定する方法です **5**。

```
オブジェクト.メソッド 値1, 値2,…
```
5

この方法でBorderAroundメソッドの引数LineStyleと引数Weightを指定するには、**6** のように記述します。

```
Range("B2:D6").BorderAround xlDash, xlMedium
```
6「,」で区切って設定値だけを指定

この場合、引数は構文の順番通りに指定し、前の引数を省略した場合は、「,」を付けてから後ろの引数を指定します。BorderAroundメソッドで、2番目の引数Weightだけを指定したいときは、「,」を1つ入力してから2番目の引数の位置に設定値を記述します **7**。この方法は、コードを短く記述できるメリットがあります。

```
Range("B3:F50").BorderAround , xlMedium
```
7「,」を入れて順番通りの位置に指定

CHAPTER 3-21 「販売終了」のデータを削除する

行の削除

ナビオ君、この「商品リスト」から「販売終了」のデータを削除するには、どうしたらいいと思う？

あ〜、繰り返し構文と条件分岐構文を組み合わせですね！それなら簡単。シートの4行目から59行目までを1行ずつ順にチェックして、「販売終了」と書かれていたら行を削除するだけです！

残念！ 1行おきに行を挿入したときのことを思い出して（CHAPTER 3-18参照）。行の挿入や削除を実行すると、その下の行が順にずれてしまうでしょう？

確かに。こんなときの繰り返し処理は、「下から上へ」が鉄則でしたね！

マクロの動作

商品リストがあります **1**。マクロを実行すると、E列に「販売終了」と入力されている商品データが行ごと削除されます **2**。

Hint! マクロ作りの方針

ワークシートの59行目から4行目まで、上方向に進みながら、1行ずつE列の「ステータス」欄をチェックしていきます。「販売終了」と入力されている場合、データを行ごと削除します。

コード

サンプル:3-21_行削除.xlsm

```
[1] Sub 行削除()
[2]     Dim i As Integer
[3]     For i = 59 To 4 Step -1
[4]         If Range("E" & i).Value = "販売終了" Then
[5]             Rows(i).Delete                    A
[6]         End If
[7]     Next
[8] End Sub
```

B

[1] [行削除]マクロの開始。
[2] 整数型の変数iを用意する。行番号を数えるカウンター変数。
[3] For〜Next構文の開始。変数iが59から4になるまで1ずつ減算しながら繰り返す。
[4] If構文の開始。E列i行のセルの値が「販売終了」に等しい場合、
[5] i行目を削除する
[6] If構文の終了。
[7] For〜Next構文の終了。
[8] マクロの終了。

A 行を削除する

行を削除するには、Deleteメソッドを使用します。例えば、「Rows（3）.Delete」と記述すると、ワークシートの3行目が削除され、4行目以降の行が1行ずつ上に移動します。また、「Rows（i）.Delete」と記述すると、ワークシートのi行目が削除され、その下にある行が順に上に移動します。

```
Rows(行番号).Delete                                            1
```

```
[5]            Rows(i).Delete
```
2 i行目を削除する

Hint! バックアップを取っておこう

データを削除したり、書き換えたりするマクロの作成で、動作をテストするときは、元のデータが保存されているファイルをコピーしておきましょう。万が一テストに失敗したときは、コピーしたファイルからデータを復元しましょう

Hint! 列を削除するには

列を削除するには、「Columns(列番号).Delete」という構文を使用します。例えば、「Columns（2）.Delete」と記述すると、ワークシートの2列目（B列）を削除できます。

B 下から上に向かって1行ずつチェックする

行を削除すると、その下にある行が順に上に繰り上がります。そのため、削除した行の下の行番号がずれてしまいます ～3。

このマクロでは、変数iで削除する行を指定します。上の行から順に行を削除していくと、削除した行の下の未処理の行の行番号が変わってしまい、変数iで行を操作できなくなります。反対に、下の行から順に行を削除していく場合、行番号が変わるのは処理済みの行で、未処理の行は変化せず、引き続き変数iで行を操作できます。そこで、For～Next構文の初期値を59、最終値を4、増分値を「-1」として 4、下から上へ向かって処理を進めます。E列i行のセルの値が「販売終了」である場合に、5、行を削除します 6。

```
[3]      For i = 59 To 4 Step -1                    ──── 4
[4]          If Range("E" & i).Value = "販売終了" Then  ──── 5
[5]              Rows(i).Delete                       ──── 6
[6]          End If
[7]      Next
```

STEP UP 空白行を削除するには

何も入力されていない行を削除するマクロを作ってみましょう。マクロ[行削除]のIf構文の条件式が変わるだけで、そのほかの考え方は同じです。ポイントは、空白行の見分け方です。ExcelのワークシートであるCOUNTA関数を使用すると入力済みのセル(空白以外のセル)をカウントできるので、これを利用しましょう。ExcelのワークシートをVBAで使用するには、ワークシート関数の前に「WorksheetFunction.」を入力します 1。

WorksheetFunction.ワークシート関数(引数)

COUNTA関数の引数にi行目の全セルを指定して、「WorksheetFunction.CountA（Rows（i））」と記述すると、ワークシートのi行目に入力済みのセルがいくつあるかがカウントされます。カウントの結果が0であれば、i行目は空白行であると見なせます。なお、数式が入力されているセルで、数式の結果何も表示されていないセルは、入力済みのセルと見なされます。

サンプル:3-21_行削除_応用.xlsm

```
[1]  Sub 行削除_応用()
[2]      Dim i As Integer
[3]      For i = 70 To 1 Step -1
[4]          If WorksheetFunction.CountA(Rows(i)) = 0 Then
[5]              Rows(i).Delete
[6]          End If
[7]      Next
[8]  End Sub
```

2 i行目の入力済みのセルの数が0である場合に、i行目を削除する

3 空白行が削除される

Hint! ワークシート関数

ワークシート関数とは、Excelのセルに入力して使用する関数のことです。例えば、「=SUM（A1:A5）」はセルA1～A5の合計を求めるSUM関数の数式ですが、VBAでこれと同じ計算をするには「WorksheetFunction.Sum（Range（"A1:A5"））」と記述します。ワークシート関数は種類が豊富なので、VBAでの使い方を覚えておくと便利です。ただし、VBAですべてのワークシート関数が使用できるわけではありません。使用できる関数は、コードウィンドウで「WorksheetFunction.」と入力したときに表示されるリストで確認できます 1。

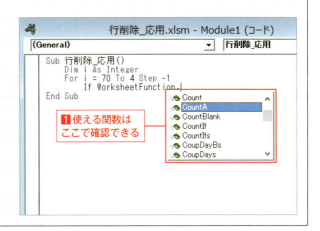

1 使える関数はここで確認できる

CHAPTER 3-22 データの並び順を素早く切り替える

並べ替え

- 先輩、この表を見てください。
- ど、どうしたの？
- 顧客から問い合わせがあると、この表から顧客情報を探すんです。通常はIDを頼りに探すんですが、たまにIDが不明の顧客がいて、名前を探すのに一苦労です。
- それなら、表の並び順をID順と名前順に切り替えられるように、並べ替えのマクロを作って、ボタンに割り当てましょう！　名前を五十音順に並べれば、簡単に探せるものね。

マクロの動作

[ID順]ボタンをクリックすると、表がIDの小さい順に並び変わります。[フリガナ順]ボタンをクリックすると、フリガナのアイウエオ順に並び変わります。[年齢順]ボタンをクリックすると❺、年齢の高い順、同じ年齢の中ではIDの小さい順に並び変わります❻。

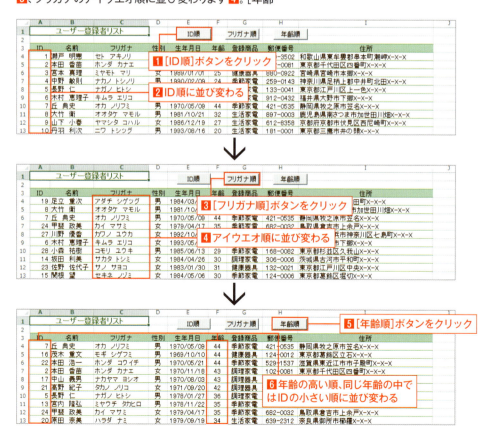

マクロ作りの方針

並べ替えのマクロを3つ作成します。ワークシートにボタンを3つ配置し、それぞれにマクロを割り当てます。マクロをボタンに登録する方法は、CHAPTER 1-08を参照してください。

コード

サンプル:3-22_並べ替え.xlsm

```
[1]  Sub ID順()
[2]      Range("A3").Sort Key1:=Range("A3"), Order1:=xlAscending, Header:=xlYes
[3]  End Sub

[4]  Sub フリガナ順()
[5]      Range("A3").Sort Key1:=Range("C3"), Order1:=xlAscending, Header:=xlYes
[6]  End Sub

[7]  Sub 年齢_ID順()
[8]      Range("A3").Sort Key1:=Range("F3"), Order1:=xlDescending, _
                          Key2:=Range("A3"), Order2:=xlAscending, Header:=xlYes
[9]  End Sub
```

[1] [ID順]マクロの開始。
[2] セルA3を含む表を、先頭行を見出しと見なしてA列の昇順で並べ替える。
[3] マクロの終了。

[4] [フリガナ順]マクロの開始。
[5] セルA3を含む表を、先頭行を見出しと見なしてC列の昇順で並べ替える。
[6] マクロの終了。

[7] [年齢_ID順]マクロの開始。
[8] セルA3を含む表を、先頭行を見出しと見なしてF列の降順、A列の昇順で並べ替える。
[9] マクロの終了。

昇順と降順

昇順とは、数値の小さい順、日付の古い順、アルファベット順、アイウエオ順です。降順は、その逆順です。

A 指定した列を基準に並べ替える

表を並べ替えるには、RangeオブジェクトのSortメソッドを使用します❶。Rangeオブジェクトには、表内の単一セルを指定するか、表全体のセル範囲を指定します。

> Rangeオブジェクト.Sort([Key1:=並べ替えの基準], [Order1:=昇順／降順], [Key2:=並べ替えの基準], [Order2:=昇順／降順], [Key3:=並べ替えの基準], [Order3:=昇順／降順], [Header:=見出しの有無])　❶

引数Key1～3とOrder1～3はペアで使用します。Key1～3に優先順位の高い順に並べ替えの基準の項目を指定し、Order1～3に並べ替え順序を指定します。

引数Headerは、表の先頭行が見出し行かどうかを指定します。上記の構文では、主な引数のみを紹介しています。

引数Order1～3の設定値

設定値	説明
xlAscending	昇順（小さい順）
xlDescending	降順（大きい順）

引数Headerの設定値

設定値	説明
xlGuess	Excelに判断させる
xlNo	先頭行は見出しではない
xlYes	先頭行は見出しである

1項目を基準に並べ替えを行うときは、引数Key1、引数Order1、引数Headerを指定します。コード[5]では引数Key1にセルC3、引数Order1に「xlAscending」を指定したので、[フリガナ]列の昇順に並べ替えが行われます❷、❸。引数Headerに「xlYes」を指定したので❹、並べ替えの対象になるのは表の2行目以降です❺。

[5] `Range ("A3").Sort Key1:=Range ("C3"), Order1:=xlAscending, Header:=xlYes`

❷C列を基準にする　❸昇順に並べる　❹先頭行を見出しと見なす

❺C列を基準に表の2行目以降が並び変わる

Hint!「年齢」欄の数値が図と異なる場合もある

「年齢」欄のセルF4には「=DATEDIF (E4,TODAY (),"Y")」という数式が入力されており、ファイルを開くたびにその時点での年齢が自動で再計算されます。そのため、ファイルを開いただけで変更していなくても、閉じるときに「変更を保存しますか?」というメッセージが表示されますが、保存しなくてもかまいません。

B 並べ替えの基準を2項目指定する

2項目を基準に並べ替えを行うときは、引数Key1、引数Order1、引数Headerに加えて、引数Key2と引数Order2を指定します。コード[8]では引数Key1にセルF3、引数Order1に「xlDescending」を指定したので、最優先の並べ替えは[年齢]列の降順になります❶。さらに、引数Key2にセルA3、引数Order2に「xlAscending」を指定したので、年齢が同じ場合は[ID]列の昇順に並び替わります❷、❸。

❶F列（年齢）の降順に並べ替える

[8]　　　Range ("A3").Sort Key1:=Range ("F3"), Order1:=xlDescending, _
　　　　　　　　　Key2:=Range ("A3"), Order2:=xlAscending, Header:=xlYes

❷A列（ID）の昇順に並べ替える

❸同じ年齢の中ではIDの小さい順に並び替わる

なお、コード[8]の1行目の末尾にある「□_」は行継続文字で、コードが次の行まで続くことを示します。

Hint! Sortメソッドの構文

Sortメソッドの正式な構文には引数が15個あり、引数Key2と引数Order2の間に「Type」という名前の引数が入ります❶。この引数は、ピボットテーブルの並べ替えに使用する引数で、通常の表では指定の必要はありません。

Rangeオブジェクト.Sort ([Key1], [Order1], [Key2], [Type], [Order2], [Key3], [Order3], [Header], …)　❶

このセクションのマクロでは、Sortメソッドの引数を名前付き引数（CHAPTER 3-20参照）で指定しましたが、引数名を記述せずに値だけを指定する場合は、省略する引数の分だけ「,」（カンマ）が必要です。例えば、コード[5]の場合は、第1引数と第2引数、第8引数を指定するので、第2引数の後ろに6個の「,」を入力してから第8引数を記述します❷。

[5]　　　Range ("A3").Sort Range ("C3"), xlAscending, , , , , , xlYes　❷

どちらの指定方法を使用してもマクロの動作は同じですが、引数の数が多いメソッドの場合は名前付き引数で指定したほうが、コードを見たときに設定内容がわかりやすいというメリットがあります。

CHAPTER 3-23 セルに指定した条件で抽出する

オートフィルター

表から情報を引き出しやすくするには、並べ替えのほかに「オートフィルター」を使う手もあるわよ。

オートフィルターって、条件に合うデータだけを抜き出して表示する抽出機能のことですか？

ええ。VBAでオートフィルター機能を操作して、条件に合うデータを抽出するの。抽出条件をセルに入力して指定できるようにすれば、いつでも必要なデータを素早く引き出せるわ。

マクロの動作

セルG1に抽出条件を入力して❶、[抽出]ボタンをクリックすると❷、条件に合うデータが抽出されます❸。[解除]ボタンをクリックすると❹、抽出が解除され、列見出しのセルに表示された▼ボタンが消えます。

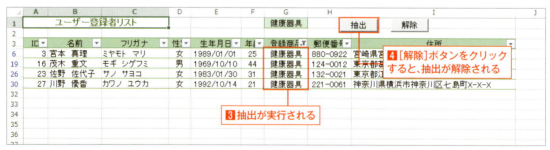

Hint! マクロ作りの方針

抽出実行用のマクロと解除用のマクロを用意します。ワークシートにボタンを2つ配置し、それぞれにマクロを割り当てます。

コード

サンプル:3-23_オートフィルター.xlsm

```
[1] Sub オートフィルター()
[2]     Range("A3").AutoFilter 7, Range("G1").Value  ── A
[3] End Sub

[4] Sub オートフィルター解除()
[5]     ActiveSheet.AutoFilterMode = False  ── B
[6] End Sub
```

[1] [オートフィルター]マクロの開始。
[2] セルA3を含む表の7列目がセルG1の値に等しいデータを抽出する。
[3] マクロの終了。

[4] [オートフィルター解除]マクロの開始。
[5] オートフィルターを解除する。
[6] マクロの終了。

Hint! 抽出条件をリストから選べるようにする

Excelの入力規則の機能を使用して、抽出条件をリストから選択できるようにしてみましょう。まず、抽出条件欄のセルG1を選択して、[データ]タブにある[データの入力規則]ボタンをクリックします。表示される画面の[設定]タブで[入力値の種類]として[リスト]を選び ■1、[元の値]欄に項目を「,」(カンマ)で区切って「生活家電,季節家電,…」と入力し ■2、[OK]ボタンをクリックします ■3。セルを選択すると右側に ▼ボタンが表示され ■4、リストから抽出条件を入力できます ■5。

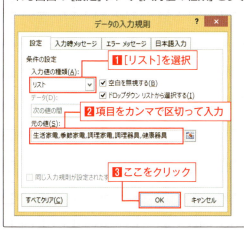

A オートフィルターを利用して抽出を実行する

オートフィルターという機能を利用して抽出を行うには、RangeオブジェクトのAutoFilterメソッドを使用します **1**。Rangeオブジェクトには、表内の単一セルを指定するか、表全体のセル範囲を指定します。

> **Range**オブジェクト.**AutoFilter ([Field], [Criteria1], [Operator], [Criteria2], [VisbleDropDown])**　　**1**

各引数の内容は以下のとおりです。
- Field　　　　　　：条件を指定する列を、表の左端列から1、2、3…と数えた番号で指定する。
- Criteria1　　　　：抽出条件を指定する。
- Operator　　　　：抽出条件の種類を次表の設定値で指定する。
- Criteria2　　　　：2つ目の抽出条件を指定する。
- VisbleDropDown　：Falseを指定するとフィルターボタン▼が非表示になる。

引数Operatorの主な設定値

設定値	説明
xlAnd	「Criteria1 かつ Criteria2」に合致するデータを抽出する
xlOr	「Criteria1 または Criteria2」に合致するデータを抽出する
xlTop10Items	大きい順に「Criteria1」位までのデータを抽出する
xlBottom10Items	小さい順に「Criteria1」位までのデータを抽出する

コード[2] では、引数Fieldに7、引数Criteria1に「Range("G1").Value」を指定したので、表の7列目から **2**、セルG1の値を条件として **3**、抽出を行います。

セルG1の値は「健康器具」なので、コード[2] は次のコードと同じ命令文になり **4**、7列目の「登録商品」欄から「健康器具」が抽出されます。

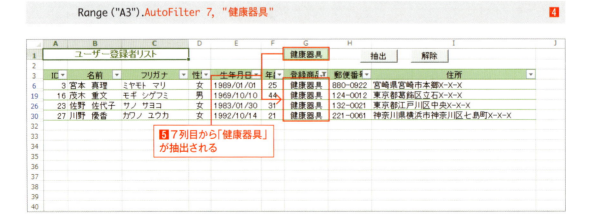

Hint! 「健康器具」に登録した「女性」を抽出するには

抽出を実行した後、さらに別の列で抽出を実行すると、抽出結果を絞り込めます。例えば、7列目から「健康器具」を抽出したあと①、4列目から「女」を抽出すると②、7列目が「健康器具」かつ4列目が「女」のデータを抽出できます③。なお、同じ列に続けて別の条件で抽出を実行した場合、前回の抽出条件が解除されて、新しい条件で抽出し直されます。

```
Range("A3").AutoFilter 7, "健康器具"         ①
Range("A3").AutoFilter 4, "女"              ②
```

③「女」かつ「健康器具」のデータが抽出される

B オートフィルターを解除する

オートフィルターを解除するには、AutoFilterModeプロパティにFalseを設定します①。オートフィルターを解除すると、列見出しに表示されている▼ボタンが非表示になります。抽出が実行されていた場合は、抽出も解除されます。

```
Worksheetオブジェクト.AutoFilterMode = False         ①
```

コード[5]では、アクティブシートのオートフィルターを解除するので、Worksheetオブジェクトとして「ActiveSheet」を指定しました②。

```
[5]    ActiveSheet.AutoFilterMode = False              ②
```

Hint! 抽出を1列だけ解除するには

特定の列の抽出を解除するには、引数Criteria1を指定せずに、引数Fieldに列番号を指定してAutoFilterメソッドを実行します。例えば、①のように記述すると、7列目の抽出が解除されます。▼ボタンは表示されたままになります。複数の列に抽出条件が設定されていた場合、ほかの列の抽出は解除されず、7列目だけが解除されます。

```
Range("A3").AutoFilter 7
```

①7列目の抽出を解除する

STEP UP 「○○」を含むデータを抽出するには

セルG1で指定した値を含むデータを抽出してみましょう。「○○」を含むという条件を指定するには、任意の文字列を表すワイルドカード「*」(アスタリスク)を使用します ■1。

サンプル:3-23_オートフィルター_応用1.xlsm

```
[1]  Sub オートフィルター_応用1()
[2]      Range ("A3").AutoFilter 7, "*" & Range ("G1").Value & "*"
[3]  End Sub
```

■1 7列目からセルG1の値を含むデータを抽出する

例えば、セルG1に「調理」と入力すると、コード[2]は次のコードと同じ命令文になり ■2、7列目の「登録商品」欄から「調理」を含むデータ(「調理家電」と「調理器具」)が抽出されます ■3。

```
Range ("A3").AutoFilter 7, "*調理*"
```
■2

■3 「調理」を含むデータが抽出される

Hint! さまざまな抽出条件

抽出条件には、「=」「<>」「>」「>=」「<」「<=」などの比較演算子やワイルドカードを使用できます。ワイルドカードには、0文字以上の任意の文字列を表す「*」(アスタリスク)と、任意の1文字を表す「?」(クエスチョンマーク)があります。

抽出条件の指定例

例	説明
"=100"	100に等しい
"<>100"	100に等しくない
">100"	100より大きい
">=100"	100以上
"<100"	100より小さい
"<=100"	100未満
"="	空白セル
"<>"	空白以外のセル

例	説明
"<>家電"	「家電」以外
"*家電*"	「家電」を含む(家電、家電品、家電通販、生活家電、白物家電、生活家電品)
"家電*"	「家電」で始まる(家電、家電品、家電通販)
"*家電"	「家電」で終わる(家電、生活家電、白物家電)
"??家電"	2文字+「家電」(生活家電、白物家電)
"家電?"	「家電」+1文字(家電品)
"<>*家電*"	「家電」を含まない

STEP UP 「○以上○以下」のデータを抽出するには

年齢が「セルE1の値」以上「セルG1の値」以下のデータを抽出してみましょう。同じ列に2つの条件を指定するには、AutoFilterメソッドの引数Operatorを使用します。「xlAnd」を指定すると「Criteria1かつCriteria2」の条件で抽出できます❶。引数Ctiteria1にはセルE1の値以上を表す「">=" & Range（"E1"）.Value」❷、引数Ctiteria2にはセルG1の値以下を表す「"<=" & Range ("G1") .Value」を指定します❸。指定する引数の数が多いときは、名前付き引数で指定したほうが見た目にわかりやすいコードになります。

サンプル:3-23_オートフィルター_応用2.xlsm

[1]　Sub　オートフィルター_応用2()

[2]　　　Range ("A3").AutoFilter Field:=6, Criteria1:=">=" & Range ("E1").Value, _
　　　　　　Operator:=xlAnd, Criteria2:="<=" & Range ("G1").Value

[3]　End Sub

❶「かつ」を表す　❷セルE1の値以上　❸セルG1の値以下

例えば、セルE1に「20」、セルG1に「25」と入力すると、コード[2]は次のコードと同じ命令文になり❹、6列目の「年齢」欄から「20以上25以下」のデータが抽出されます❺。なお、上の行の末尾にある「_」は行継続文字で、コードが次の行まで続くことを示します。

```
Range ("A3") .AutoFilter Field:=6, Criteria1:=">=20", _
             Operator:=xlAnd, Criteria2:="<=25"
```

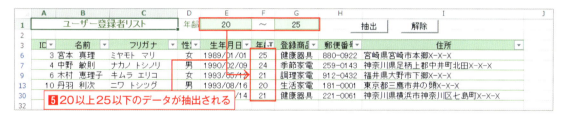

❺20以上25以下のデータが抽出される

Hint! 引数Operatorの使用

引数Operatorに「xlOr」を指定すると、「Criteria1またはCriteria2」の条件で抽出できます。次のコードは、7列目から「生活家電」または「季節家電」を抽出します❶。

```
Range ("A3").AutoFilter Field:=7, Criteria1:="生活家電", Operator:=xlOr, Criteria2:="季節家電"
```

❶「生活家電」または「季節家電」を抽出

また、引数Operatorに「xlTop10Items」を指定すると、大きい順に上から「Criteria1」番目までのデータを抽出します。次のコードは、6列目から年齢の高い順に5件のデータを抽出します❷。

```
Range ("A3").AutoFilter Field:=6, Criteria1:=5, Operator:=xlTop10Items
```

❷年齢の高い順に5件のデータを抽出

COLUMN

デバッグ(ステップ実行)

「デバッグ」とは、マクロが目的通りに動作するように修正する作業です。デバッグ機能の1つである「ステップ実行」を使用すると、コードを1行ずつ順に実行して、処理の流れを確認できます。

F8キーを押してステップ実行する

1 ステップ実行を利用して、処理の流れを確認しましょう。まず、ステップ実行したいマクロの内部にカーソルを移動して、F8キーを押します**1**。

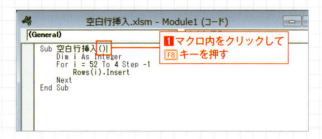

2 1行目のコードの背景が黄色になり、実行が一時停止します。黄色のコードは、次に実行されるコードです**2**。F8キーを押すと、コードが1行ずつ実行されます。ただし、変数宣言の行は黄色になりません。

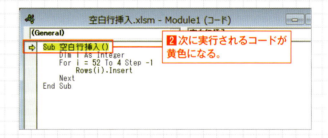

3 右図は、「Next」の上の行まで実行して、一時停止しているところです。変数の上にマウスポインターを合わせると、現在の変数の値をポップヒントで確認できます**3**。

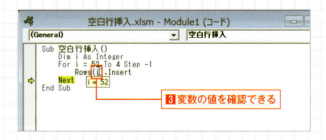

4 変数の値を確認したり、Excelに切り替えてワークシートの状態を確認したりしながら、F8キーを押して1行ずつ実行を進めましょう。ステップ実行を途中で終了するには、ツールバーの[停止]ボタン■をクリックします**4**。

CHAPTER 4 表記統一・入力操作でラクしよう

- 4-24 ふりがなのないセルにふりがなを自動作成する
  ［ふりがなの作成］
- 4-25 「シメイ」を全角カタカナに統一する
  ［カナの表記統一］
- 4-26 カタカナは全角のまま英数字だけを半角にする
  ［全角／半角の統一］
- 4-27 「都道府県」列に「住所」と「番地」を連結する
  ［文字の連結］
- 4-28 四半期ごとに小計行を入れて計算する
  ［数式の入力］
- 4-29 住所録の住所からGoogleマップを一発表示する
  ［Webへのリンク挿入］
- 4-30 シート上の数値データを一括削除する
  ［コントロール］

COLUMN デバッグ（ブレークポイント）

CHAPTER 4-24 ふりがなのないセルにふりがなを自動作成する

ふりがなの作成

先輩、大変です！ Excelが壊れたかもしれません。氏名の並べ替えがメチャクチャなんです！

その表は、ほかのアプリで入力したデータをシートにコピーしたものなんじゃない？

そのとおり、Wordで作成した表をExcelにコピーしたんです。どうしてわかったんですか!?

Excelで入力したデータなら、漢字変換する前の"読み"の情報がセルに記憶されていて、その読みの情報からアイウエオ順の並べ替えができるのよ。ほかからコピーしたデータには読みの情報がないから、アイウエオ順に並ばないわ。

マクロの動作

ふりがな情報を持たない表があります❶。マクロを実行すると、セルに入力されている漢字をもとにふりがなが自動作成されます❷。

❶表を表示してマクロを実行 → ❷「氏名」欄のセルにふりがなが作成される

マクロ作りの方針

SetPhoneticメソッドを使用して、セルB4～B16にふりがなを作成します。なお、上図では、マクロの動作が見た目で確認できるように、セルにふりがなを表示する設定にしてありますが、ふりがなを表示しない状態でマクロを実行しても、きちんとふりがなが作成されます。

Hint! セルにふりがなを表示するには

セルに漢字を入力する際の、漢字に変換する前の読みの情報は、そのセルの「ふりがな」として記憶されます。例えば、「良子」という名前を「りょうこ」という読みで入力した場合は「りょうこ」、「よしこ」という読みで入力した場合は「よしこ」が記憶されます。セルを選択して、[ホーム] タブにある [ふりがなの表示／非表示] ボタン をクリックすると■、セルにふりがなを表示して確認できます■。また、再度同じボタンをクリックすると、ふりがなを非表示にできます。

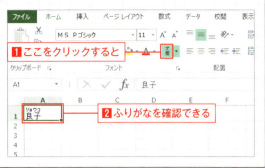

コード

サンプル:4-24_ふりがな作成.xlsm

[1] Sub ふりがな作成()
[2] 　　Range ("B4:B16").SetPhonetic　　——A
[3] End Sub

[1] [ふりがな作成] マクロの開始。
[2] セルB4～B16にふりがなを作成する。
[3] マクロの終了。

A SetPhoneticメソッドでふりがなを作成する

RangeオブジェクトのSetPhoneticメソッドを使用すると、指定したセルにふりがなを自動作成できます■。なお、ふりがなを持つセルでこのメソッドを実行すると、本来のふりがなが自動作成されたふりがなで上書きされてしまうので注意してください。

Rangeオブジェクト.SetPhonetic　　■

Hint! 意図しないふりがなが作成されることもある

漢字には複数の読み方があるので、意図したふりがなとは別のふりがなが作成されることがあります。マクロの実行後、作成されたふりがなを確認し、異なっていた場合は修正しましょう。セルを選択して、[ホーム] タブの [ふりがなの表示／非表示] ボタン の右にある ボタンをクリックし、[ふりがなの編集] を選択すると、セルのふりがなを修正できます。

CHAPTER 4-25 「シメイ」を全角カタカナに統一する

カナの表記統一

 どうしたの、ナビオ君。また、トラブル？

 実は、各支店から送られてきた研修会の参加者をメールからワークシートに貼り付けて、名簿を作成したんです。書式も整えてほっと一息、ってところで気が付いたんです。「シメイ」欄にひらがなとカタカナ、全角と半角が混在していて見栄えが悪いんです。

 表記が不統一だと、見栄えが悪くなるばかりか、検索や抽出などの作業にも支障が出るわ。マクロを利用して、ひらがなとカタカナ、全角と半角を一気に統一しちゃいましょう！

マクロの動作

ひらがなとカタカナ、全角と半角が不揃いの表があります❶。マクロを実行すると、「シメイ」欄のデータが全角のカタカナに統一されます❷。

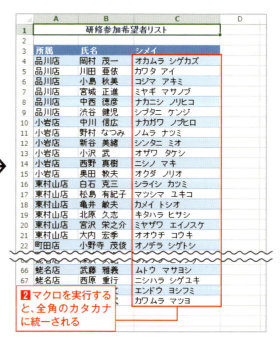

❶シメイの表記が不揃い

❷マクロを実行すると、全角のカタカナに統一される

マクロ作りの方針

For～Next構文を使用して、C列の4行目～69行目のセルの文字を全角のカタカナに変換します。文字の変換には、VBA関数であるStrConv関数を使用します。

コード

サンプル:4-25_カナ統一.xlsm

```
[1]  Sub カナ統一()
[2]      Dim i As Integer
[3]      For i = 4 To 69
[4]          Range("C" & i).Value = StrConv(Range("C" & i).Value, vbWide + vbKatakana)
[5]      Next
[6]  End Sub
```

[1] [カナ統一]マクロの開始。
[2] 整数型の変数iを用意する。行番号を数えるカウンター変数。
[3] For~Next構文の開始。変数iが4から69になるまで繰り返す。
[4] C列i行目のセルの値を全角のカタカナに変換して、C列i行目のセルに入力する。
[5] For~Next構文の終了。
[6] マクロの終了。

A データの行数だけ処理を繰り返す

「シメイ」欄のデータを1行ずつ順に変換するために、For~Next構文を使用します。第3章で何度も使用しましたが、もう一度構文を確認しておきましょう**1**。

ここでは、セルC4~C69の商品コードを順に変換したいので、初期値として4、最終値として69を指定します**2**。増減値は1なので、指定は省略します。カウンター

変数iは、「4、5、6…、69」と増えていき、1回の繰り返し処理で下表のような処理が行われます。

For~Next構文の処理の進み方

変数i	繰り返し処理
4	セルC4の文字を変換
5	セルC5の文字を変換
6	セルC6の文字を変換
:	:
69	セルC69の文字を変換

B StrConv関数で表記を統一する

VBAには、ExcelのワークシートValueとは異なるVBA専用の関数が用意されています。StrConv関数を使用すると、文字列の表記を変更できます ■1。

StrConv（文字列，変換の種類） ■1

「変換の種類」は、下表の設定値で指定します。複数の設定値を「＋」で組み合わせて指定することもできます。例えば、全角のカタカナに変換するには、「vbWide ＋ vbKatakana」（全角＋カタカナ）のように指定します。ただし、「vbWide ＋ vbNarrow」（全角＋半角）のように矛盾する変換方法を指定すると、エラーになります。

「変換の種類」の主な設定値

設定値	説明	例
vbUpperCase	アルファベットを大文字に変換	vba → VBA
vbLowerCase	アルファベットを小文字に変換	VBA → vba
vbProperCase	各単語の先頭の文字を大文字に変換	vba → Vba
vbWide	半角文字を全角文字に変換	VBA → ＶＢＡ
vbNarrow	全角文字を半角文字に変換	ＶＢＡ → VBA
vbKatakana	ひらがなをカタカナに変換	まくろ → マクロ
vbHiragana	カタカナをひらがなに変換	マクロ → まくろ

C列i行目のセルの値を、StrConv関数で全角のカタカナに変換するには、1番目の引数に「Range("C" & i).Value」■2、2番目の引数に「vbWide ＋ vbKatakana」を指定します ■3。

StrConv(Range("C" & i).Value, vbWide + vbKatakana)
　　　　■2 文字列　　　　　　■3 変換の種類

コード［4］では、StrConv関数で全角カタカナに変換した結果をC列i行目のセルに入力し直しました ■4。

[4]　　　Range("C" & i).Value = StrConv(Range("C" & i).Value, vbWide + vbKatakana)
　　　　■4 セルに入力

Hint! 対象外の文字はそのまま返される

英数字と一部の記号には全角文字と半角文字が存在しますが、漢字やひらがなには全角文字しかありません。StrConv関数では変換の対象外の文字はそのまま返されるので、漢字やひらがなを半角に変換しようとしても、全角のまま返されます。同様に、英数字や漢字はカタカナに変換できませんし、アルファベット以外の文字は大文字／小文字の変換はできません。例えば、「StrConv ("jr東京駅", vbUpperCase)」では、「jr」だけが変換対象となり、変換結果は「JR東京駅」です。

STEP UP For Each~Next構文を使用してセル範囲のセルの数だけ処理を繰り返す

セル範囲のすべてのセルに対して処理を繰り返したいときは、For~Next構文のほかに「For Each~Next構文」を使用することもできます。構文は以下のとおりです[1]。

For Each~Next構文では、Rangeオブジェクトに含まれるセルの数だけ処理を繰り返します。1回の処理につき、Rangeオブジェクト内のセルが1つずつオブジェクト変数に格納されて、処理が実行されます。この構文を使用して、マクロ[カナ統一]を書き換えてみましょう。赤字部分が修正箇所です。

サンプル:4-25_カナ統一_応用.xlsm

コード[a]の「Range("C4:C69")」には、セルC4、C5、C6…、C69の66個のセルが含まれるので、コード[4]の処理は66回繰り返されます。1回の処理につき、セルC4~C69のいずれかのセルが変数[セル]に代入されます。変数[セル]に代入されるセルと、コード[4]の実行内容は次表のようになります。

For Each~Next構文の処理の進み方

変数[セル]	実行される処理
セルC4	Range("C4").Value = StrConv (Range("C4").Value, vbWide + vbKatakana)
セルC5	Range("C5").Value = StrConv (Range("C5").Value, vbWide + vbKatakana)
セルC6	Range("C6").Value = StrConv (Range("C6").Value, vbWide + vbKatakana)
:	:
セルC69	Range("C66").Value = StrConv (Range("C66").Value, vbWide + vbKatakana)

For Each~Next構文は、For~Next構文よりマクロの動作が速いと言われています。しかし、よほどのことがない限り体感速度に差は出ません。好きなほうを使えばよいでしょう。

CHAPTER 4-26 カタカナは全角のまま英数字だけを半角にする

全角／半角の統一

- 先輩、この名簿の住所欄を見てください。先日教えてもらったStrConv関数で番地を半角文字に変換したんですが…。
- わかった。全角のままでいいカタカナまで半角になっちゃった、ってことでしょう？単純にデータを半角にすると、カタカナも半角になるからね。ありがちな失敗よ。
- 幸い、変換前のファイルも残してあるので、再チャレンジしたいんです。いい方法はありませんか？
- もちろん。1文字ずつ文字の種類をチェックして、カタカナ以外の文字を半角にするのよ！

マクロの動作

「住所2」欄の半角と全角が不揃いの表があります ❶。マクロを実行すると、「住所2」欄の漢字やひらがな、カタカナは全角、英数字や「-」は半角になります ❷。

❶ 表記が統一されていない

❷ 英数字を半角、カタカナを全角に統一する

Hint! マクロ作りの方針

For～Next構文を使用して、「住所2」欄のセルの文字をいったんすべて全角文字に変換します。その後、「住所2」欄の各セルから1文字ずつ文字をチェックし、カタカナ以外の文字だけを半角に変換します。

コード

サンプル:4-26_全半角変換.xlsm

```
[1]  Sub 全半角変換()
[2]      Dim i As Integer
[3]      Dim j As Integer
[4]      Dim 全角文字列 As String
[5]      Dim 文字 As String
[6]      Dim 変換済文字列 As String
[7]      For i = 4 To 23
[8]          全角文字列 = StrConv(Range("F" & i).Value, vbWide)      ──B
[9]          変換済文字列 = ""
[10]         For j = 1 To Len(全角文字列)
[11]             文字 = Mid(全角文字列, j, 1)
[12]             If 文字 Like "[ァ-ヶ]" Then
[13]                 変換済文字列 = 変換済文字列 & 文字
[14]             Else
[15]                 変換済文字列 = 変換済文字列 & StrConv(文字, vbNarrow)
[16]             End If
[17]         Next
[18]         Range("F" & i).Value = 変換済文字列
[19]     Next
[20] End Sub
```

[1] ［全半角変換］マクロの開始。
[2] 整数型の変数iを用意する。行番号を数えるカウンター変数。
[3] 整数型の変数jを用意する。文字数を数えるカウンター変数。
[4] 文字列型の変数[全角文字列]を用意する。「住所2」欄の文字列を全角に変換して代入する変数。
[5] 文字列型の変数[文字]を用意する。[全角文字列]の文字の中の1文字を代入する変数。
[6] 文字列型の変数[変換済文字列]を用意する。変換済みの文字列を代入する変数。
[7] For～Next構文の開始。変数iが4から23になるまで繰り返す。
[8] F列i行目のセルの値を全角に変換して、変数[全角文字列]に代入する。
[9] 変数[変換済文字列]に空の文字列""」を代入する。
[10] For～Next構文の開始。変数jが1から[全角文字列]の文字数になるまで繰り返す。
[11] [全角文字列]からj番目の文字を1文字取り出して、変数[文字]に代入する。
[12] If構文の開始。[文字]が「ァ」～「ヶ」の間の文字に等しい場合、
[13] 変数[変換済文字列]の末尾に[文字]を連結する。
[14] そうでない場合、
[15] 変数[変換済文字列]の末尾に、[文字]を半角に変換して連結する。
[16] If構文の終了。
[17] コード[10]のFor～Next構文の終了。
[18] F列i行目のセルに変数[変換済文字列]の値を代入する。
[19] コード[7]のFor～Next構文の終了。
[20] マクロの終了。

A 1行ずつ、1文字ずつ処理を繰り返す

このマクロでは、For～Next構文を2つ使用して、二重の繰り返し処理を行っています。コード[7]から始まる外側のFor～Next構文では、カウンター変数iで行番号を4～23まで変えながら、1行ずつ処理を行います❶。コード[10]から始まる内側のFor～Next構文では、カウンター変数jで「住所2」の文字数を数えながら、1文字ずつ処理を行います❷。「Len（全角文字列）」は、F列i行目のセルの文字数です❸。この二重の繰り返し処理により、「住所2」欄のすべての文字が漏れなく処理されます❹、❺。

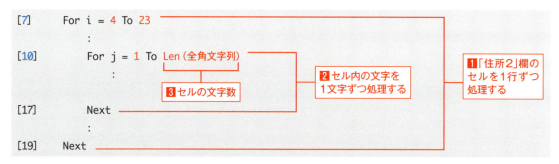

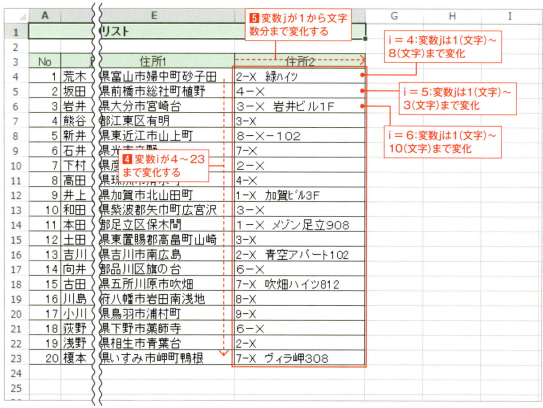

なお、コード[10]のLen関数は、引数に指定した文字列の文字数を求める関数です❻。「Len（全角文字列）」とすると、変数[全角文字列]に代入されている文字列の文字数が求められます。

Len（文字列） ❻

B いったんすべて全角にする

次に、コード［8］～コード［18］の処理を詳しく見ていきましょう。この部分が1つのセルに対する処理となります。コード［8］では、F行i列目のセルの値を全角文字に変換して①、変数［全角文字列］に代入しています②。StrConv関数については、106ページを参照してください。

［8］　　　全角文字列 = StrConv(Range("F" & i).Value, vbWide)

「i = 4」のとき、セルF4の値は「2-X　緑ハイツ」（「2-X」と「ハイツ」は半角）なので、変数［全角文字列］には全角文字の「２－Ｘ　緑ハイツ」が代入されます③。

C 1文字ずつ文字を取り出して順に調べる

コード［10］から始まるFor～Next構文では、文字数だけ処理を繰り返します①。例えば、「i = 4」のとき、変数［全角文字列］には「２－Ｘ　緑ハイツ」の8文字が代入されているので、カウンター変数jが1～8になるまで処理は8回繰り返されます。

```
[10]      For j = 1 To Len(全角文字列)
[11]          文字 = Mid(全角文字列, j, 1)
              :
[17]      Next
```

コード［11］のMid関数は、［文字列］の［開始位置］から［文字数］分の文字列を取り出す関数です②。

Mid（文字列，開始位置，文字数）

変数［全角文字列］に「２－Ｘ　緑ハイツ」が代入されている場合、「j = 1」のときは1文字目の「２」、「j = 2」のときは2文字目の「－」…、「j = 8」のときは8文字目の「ツ」が取り出され、変数［文字］に代入されます。

D カタカナ以外の文字を半角に変換する

コード[12]のIf構文の条件式「文字 Like "[ァ-ヶ]"」は、「変数[文字]の値がカタカナである」という条件式を表します❶。詳しい意味は、次ページのHintを参照してください。この条件式が成立する場合、[変換済文字列]の末尾に[文字]が連結されます❷。成立しない場合は、[変換済文字列]の末尾に、半角に変換した[文字]が連結されます❸。

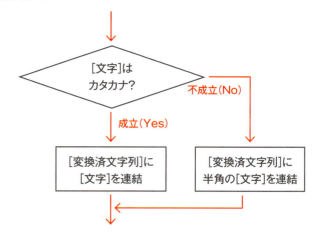

セルF4の場合について、コード[10]～コード[17]の流れを追ってみましょう。コード[10]の実行前に、変数[全角文字列]に「2－Ｘ　緑ハイツ」、変数[変換済文字列]に「""」(空の文字列)が代入されています

変数 j	変数[文字]	[文字]はカタカナ?	処理	連結結果
1	2	No	「2」を半角の「2」に変換して連結	2
2	－	No	「－」を半角の「-」に変換して連結	2-
3	Ｘ	No	「Ｘ」を半角の「X」に変換して連結	2-X
4	□	No	スペースを半角のスペースに変換して連結	2-X□
5	緑	No	「緑」は半角に変換できないので、「緑」のまま連結	2-X□緑
6	ハ	Yes	「ハ」をそのまま連結	2-X□緑ハ
7	イ	Yes	「イ」をそのまま連結	2-X□緑ハイ
8	ツ	Yes	「ツ」をそのまま連結	2-X□緑ハイツ

Hint! Like演算子と文字パターン

Like演算子は、文字列のパターンを比較する演算子です。「文字列 Like パターン」の形式で記述し、[文字列]がパターンに一致すれば成立、一致しなければ不成立と見なされます。パターンは、以下のワイルドカードを使用して指定します。

ワイルドカード

ワイルドカード	説明	記述例	意味
*	0文字上の任意の文字列	文字列 Like "*山*"	[文字列]が「山」を含む (山、山梨、和歌山、富山県など)
?	任意の1文字	文字列 Like "??山"	[文字列]が「2文字+「山」」 (和歌山など)
#	任意の数字1文字	文字列 Like "第#課"	[文字列]が「「第」+数字+「課」」 (第1課、第2課など)
[文字リスト]	文字リスト内のいずれかの文字	文字列 Like "[アオ]*"	[文字列]が「ア」か「オ」で始まる (アオキ、オオタなど)
[!文字リスト]	文字リスト内の文字ではない	文字列 Like "[!アオ]*"	[文字列]が「ア」「オ」以外で始まる (イトウ、カトウなど)
[文字1-文字2]	文字1〜文字2の範囲の文字	文字列 Like "[ア-オ]*"	[文字列]が「ア」〜「オ」で始まる (アオキ、イトウ、ウエダ、オオタなど)

Hint! カタカナの文字パターン

マクロ[全半角変換]のコード[12]では、[文字]がカタカナかどうかを調べる条件式として、「文字 Like "[ｧ-ｹ]"」を使用しました。「ｧ」と「ｹ」は全角小文字です。カタカナの文字コードは下図のような並びになっており、カタカナの先頭の文字は全角小文字の「ｧ」❶、最後の文字は全角小文字の「ｫ」になっているので❷、条件式を「文字 Like "[ｧ-ｹ]"」としました。全角大文字の「ア」と「ン」を使用して「文字 Like "[ア-ン]"」と指定すると、「ン」の後ろにある「ヴ」が条件に含まれなくなり、セルF23の「ヴィラ岬」の「ヴ」が半角文字になってしまうので注意してください。

なお、今回、カタカナ以外の文字を半角にしたのでスペース(空白文字)も半角に変換されます。スペースを全角にしたい場合は、コード[12]の条件式に「Or 文字 = " "」を付け加えましょう。

```
If 文字 Like "[ｧ-ｹ]" Or 文字 = " " Then
```

CHAPTER 4-27 「都道府県」列に「住所」と「番地」を連結する

文字の連結

 マイコ先輩、相談に乗ってもらえますか？ 名簿に追加しておくように、って新規登録分の表を渡されたんですが、名簿と表の形態が異なるんですよ。

 ホントだ。名簿は住所欄が1列なのに、新規登録分は4列にまたがっているわね。

 勉強がてら、4列分のデータを1列にまとめるマクロを作ったので、見てもらえますか。

 がんばったわね！ とてもよくできてるわ。ただし、このままだと連結した住所の末尾にスペースが入ることがあるから、Trim関数を使って取り除きましょう。

マクロの動作

住所が4列に分かれて入力されている表があります ■1。マクロを実行すると、住所が連結されます ■2。

- ■1 住所が4列にまたがっている
- ■2 マクロを実行すると、住所が1列にまとめられる

マクロ作りの方針

For～Next構文を使用して、4行目～53行目について1行分ずつ処理を行います。1回の繰り返し処理につきE列～H列のデータを連結してE列のセルに入力します。すべての行の処理が終了したら、F列～H列を削除し、E列の列幅を調整します。

コード

サンプル:4-27_データ連結.xlsm

```
[1] Sub データ連結()
[2]     Dim i As Integer
[3]     Dim 住所 As String
[4]     For i = 4 To 53
[5]         住所 = Range("E" & i).Value & Range("F" & i).Value _
                & Range("G" & i).Value & "　" & Range("H" & i).Value
[6]         Range("E" & i).Value = Trim(住所)
[7]     Next
[8]     Columns("F:H").Delete
[9]     Columns("E").AutoFit
[10]End Sub
```

[1] [データ連結]マクロの開始。
[2] 整数型の変数iを用意する。行番号を数えるカウンター変数。
[3] 文字列型の変数[住所]を用意する。住所1～住所4を連結した文字を代入する変数。
[4] For～Next構文の開始。変数iが4から53になるまで繰り返す。
[5] E列i行目のセルの値とF列i行目のセルの値、G列i行目のセルの値、全角スペース、H列i行目のセルの値を連結して、変数[住所]に代入する。
[6] [住所]の前後のスペースを削除して、E列i行目のセルに入力する。
[7] For～Next構文の終了。
[8] F～H列を削除する。
[9] E列の列幅を自動調整する。
[10]マクロの終了。

A データの行数だけ処理を繰り返す

ここでは、4行目～53行目の住所を1行ずつ連結していくので、For～Next構文の初期値として4、最終値として53を指定します。1回の繰り返し処理で、1行分の住所の連結を行います。

B 「住所1」〜「住所4」のデータを連結する

E列とF列、G列、全角スペース、H列のセルの値を連結演算子の「&」で連結します🔳。

[5]　　　住所 = Range ("E" & i).Value & Range ("F" & i).Value _
　　　　　　& Range ("G" & i).Value & "　" & Range ("H" & i).Value

G列の「住所3」とH列の「住所4」の間に全角スペースを入れることに注意してください。「i = 4」のとき、「1-X-X」の後ろに全角スペースと「1203号室」が連結されて、連結結果は「東京都新宿区二十騎町1-X-X□1203号室」になります🔳。

「i = 5」のとき、「住所4」欄にデータがないので、「7-X-X-A205」の後ろに全角スペースだけが連結されます。連結結果は「埼玉県北葛飾郡鷺宮町桜田7-X-X-A205□」となり、末尾に全角スペースで終わります🔳。

C 余分なスペースを除去してからセルに入力する

Trim関数を使用すると、引数に指定した文字列の前後にあるスペースを削除できます🔳。Trim関数の引数に変数[住所]を指定して末尾のスペースを取り除き、E列のセルに入力します🔳、🔳。

Trim (文字列)　　　　　　　　　　　　　　　　　　　　　　🔳

[6]　　　Range ("E" & i).Value = Trim (住所)

　　　　🔳末尾のスペースを取り除いてセルに入力する

D 不要な列を削除し、連結文字の列幅を自動調整する

最後に後処理を行います。まず、Deleteメソッドを使用して❶、不要になったF～H列を削除します❷～❹。

Rangeオブジェクト.Delete ❶

[8]　　Columns("F:H").Delete

❷F～H列を削除する

AutoFitメソッドを使用すると、列幅や行高を自動調整できます❺。Rangeオブジェクトに列を指定した場合は列幅、行を指定した場合は行高が自動調整されます。

ここでは、「Columns("E")」を指定して、E列の列幅をデータの長さに合わせて自動調整します❻、❼。

Rangeオブジェクト.AutoFit ❺

[9]　　Columns("E").AutoFit

❻E列の列幅を自動調整する

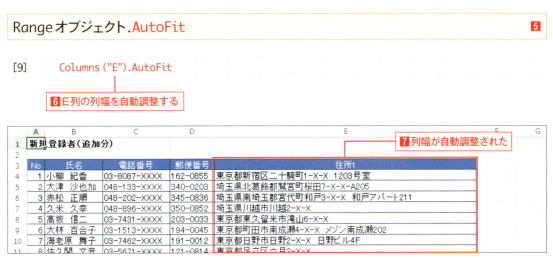

117

STEP UP 文字をセルごと結合する

マクロ［データ連結］では最後にF～H列を削除しましたが、表の外に別の表が入力されている場合など、列を削除したくないケースもあるでしょう。そのようなときは、セルを結合してしまう手があります。RangeオブジェクトのMergeCellsプロパティにTrueを設定するとセルを結合でき■、Falseを設定すると結合を解除できます。

Rangeオブジェクト.MergeCells = True ── ■セルを結合する

例えば、セルA1～H1を結合するには、次のように記述します■、■。なお、［ホーム］タブの［セルを結合して中央揃え］ボタン では結合したセルのデータが中央揃えになりますが、MergeCellsプロパティでは中央揃えは設定されません。必要に応じて、別途配置を設定してください。

Range ("A1:H1").MergeCells = True ── ■

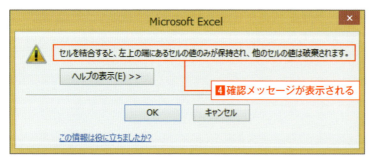

セルを結合する際に、結合する複数セルにデータが入力されていると、左端以外のセルのデータが破棄されるという確認メッセージが表示されてしまいます。例えば、上の図のセルE4～H4を結合しようとすると、確認メッセージが表示され■、［OK］ボタンをクリックすると、セルE4以外のデータが破棄されます■。また、［キャンセル］ボタンをクリックした場合は、エラーが発生してしまいます。

今回作成するマクロのポイントは2つです。1つは、セルを結合する前に、結合するセルのデータを連結して、左端のセルに入力しておくことです。そうすれば、左端以外のセルのデータが破棄されても問題ありません。もう1つは、確認メッセージの画面が表示されないようにすることです。DisplayAlertsプロパティにFalseを設定すると❻、❹のようなメッセージ画面が表示されないようにできます。

```
Application.DisplayAlerts = False
```

❻ 確認メッセージを非表示にする

実際に、コードを以下のように修正してみましょう。

サンプル:4-27_データ連結_応用.xlsm

```
[1]  Sub データ連結_応用()
[2]      Dim i As Integer
[3]      Dim 住所 As String
[a]      Application.DisplayAlerts = False        ❼ 確認メッセージが表示されない状態にする
[4]      For i = 4 To 53
[5]          住所 = Range("E" & i).Value & Range("F" & i).Value _
                 & Range("G" & i).Value & " " & Range("H" & i).Value
[6]          Range("E" & i).Value = Trim(住所)
[b]          Range("E" & i).Resize(1, 4).MergeCells = True        ❽ E列i行目から1行4列分のセルを結合する
[7]      Next
[c]      Range("E3:H3").MergeCells = True        ❾ セルE3〜H3を結合する
[d]      Application.DisplayAlerts = True        ❿ 確認メッセージが表示される状態に戻す
[10] End Sub
```

⓫ セルが結合される

	A	B	C	D	E F G H	I
1	新規登録者(追加分)					
2						
3	No	氏名	電話番号	郵便番号	住所1	
4	1	小柳 紀香	03-8087-XXXX	162-0855	東京都新宿区二十騎町1-X-X　1203号室	
5	2	大津 沙也加	048-133-XXXX	340-0203	埼玉県北葛飾郡鷲宮町桜田7-X-X-A205	
6	3	赤松 正順	048-202-XXXX	345-0836	埼玉県南埼玉郡宮代町和戸3-X-X　和戸アパート211	
7	4	久米 久幸	048-896-XXXX	350-0852	埼玉県川越市川越2-X-X	
8	5	高坂 信二	03-7431-XXXX	203-0033	東京都東久留米市滝山6-X-X	
9	6	大林 百合子	03-1513-XXXX	194-0045	東京都町田市南成瀬4-X-X　メゾン南成瀬202	
10	7	海老原 舞子	03-7462-XXXX	191-0012	東京都日野市日野2-X-X　日野ビル4F	
11	8	佐久間 文音	03-5671-XXXX	121-0814	東京都足立区六月2-X-X	
12	9	浜野 昭二	045-831-XXXX	251-0874	神奈川県藤沢市花の木4-X-X　レジデンス花の木210	
13	10	柳 絵里	03-8991-XXXX	108-0073	東京都港区三田7-X-X-1015	
14	11	西本 一平	03-4509-XXXX	111-0035	東京都台東区西浅草5-X-X	
15	12	都築 すみれ	03-2219-XXXX	108-0073	東京都港区三田7-X-X　三田マンション417	
16	13	土井 智彦	043-917-XXXX	270-2308	千葉県印旛郡本埜村小林7-X-X	
17	14	海野 健二	03-3603-XXXX	103-0027	東京都中央区日本橋7-X-X　レジデンス日本橋214	
18	15	長谷 由香里	045-264-XXXX	241-0002	神奈川県横浜市旭区上白根3-X-X　グランド上白根316	
19	16	北原 静江	043-723-XXXX	292-0023	千葉県木更津市下望陀7-X-X	
20	17	成美 恭子	043-638-XXXX	287-0065	千葉県香取市西部田2-X-X	
21	18	八木沢 薫	048-546-XXXX	367-0207	埼玉県本庄市児玉町下真下7-X-X	
22	19	中林 祐二	048-958-XXXX	360-0826	埼玉県熊谷市赤城町2-X-X　赤城町アパート418	
23	20	藤巻 春江	045-165-XXXX	230-0016	神奈川県横浜市鶴見区東寺尾北台6-X-X　ガーデン東寺尾207	
24	21	川添 渚	042-2033-XXXX	162-0855	東京都新宿区二十騎町2-X-X	
25	22	飯島 和弘	03-5376-XXXX	108-0073	東京都港区三田5-X-X　A-312	
26	23	村松 陸也	03-0053-XXXX	198-0088	東京都青梅市裏宿町6-X-X-203	
27	24	日野 清二	03-8879-XXXX	193-0845	東京都八王子市初沢町7-X-X	
28	25	立川 隆一	045-622-XXXX	245-0018	神奈川県横浜市泉区上飯田町4-X-X	

CHAPTER 4-28 四半期ごとに小計行を入れて計算する

数式の入力

 おはようございます、先輩！ 以前教えてもらった行挿入のマクロ、早速、仕事に活用しているんですよ。

 さすが、ナビオ君。どんな作業をしているの？

 売上一覧表の四半期ごとに小計行を挿入する作業です。3行おきの空白行をマクロで一気に挿入したから、あとは地道に計算式を手入力するだけです。

 あらまあ、数式入力もマクロで自動化すれば、ラクなのに。

マクロの動作

毎月の売上データの表があります❶。マクロを実行すると、3行おきに小計行が挿入されます❷。末尾の小計行は、マクロ実行後に罫線を手動で設定しましょう❸。

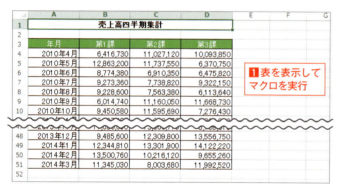

❶ 表を表示してマクロを実行

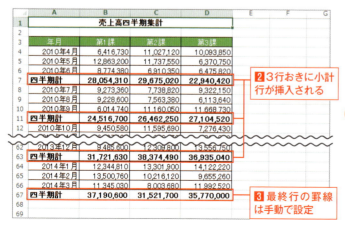

❷ 3行おきに小計行が挿入される

❸ 最終行の罫線は手動で設定

マクロ作りの方針

ここで作成するマクロは、CHAPTER 3-18の応用版です。表の3行おきに空白行を挿入し、数式を入力します

120

コード

サンプル:4-28_小計行挿入.xlsm

```
[1] Sub 小計行挿入()
[2]     Dim i As Integer
[3]     For i = 52 To 7 Step -3
[4]         Rows(i).Insert
[5]         Range("A" & i).Value = "四半期計"
[6]         Range("B" & i).Formula = "=SUM(B" & i - 3 & ":B" & i - 1 & ")"
[7]         Range("C" & i).Formula = "=SUM(C" & i - 3 & ":C" & i - 1 & ")"
[8]         Range("D" & i).Formula = "=SUM(D" & i - 3 & ":D" & i - 1 & ")"
[9]         Range("A" & i).Resize(1, 4).Font.Bold = True
[10]    Next
[11]End Sub
```

[1] [小計行挿入]マクロの開始。
[2] 整数型の変数iを用意する。行番号を数えるカウンター変数。
[3] For～Next構文の開始。変数iが52から7になるまで3ずつ減算しながら繰り返す。
[4] i行目に行を挿入する。
[5] A列i行目のセルに「四半期計」と入力する。
[6] B列i行目のセルにSUM関数を入力する。
[7] C列i行目のセルにSUM関数を入力する。
[8] D列i行目のセルにSUM関数を入力する。
[9] A列i行目のセルから1行4列分のセル範囲に太字を設定する。
[10] For～Next構文の終了。
[11] マクロの終了。

A 3行おきに空白行を挿入する

集計用の空白行を挿入する考え方は、CHAPTER 3-18と同様です。For～Next構文を利用して、表の下から上に向かって順に行を挿入していきます。For～Next構文の初期値と終了値を決めるには、実行前の状態の表を見て、集計行を入れる行番号を確認します。7、10、13…、46、49、52に集計行を入れたいので、初期値は52、終了値は7とします。また、3行おきに挿入するので、増分値は「-3」となります 1 。

```
[3]     For i = 52 To 7 Step -3
[4]         Rows(i).Insert
            :
[10]    Next
```

B Formulaプロパティを使用して数式を入力する

セルに数式を入力するには、Formulaプロパティを使用します[1]。コード[6]で入力した数式は、「3行上のセルから1行上のセルまでの合計を求める」という意味です。数式を入力する行がi行目なので、「i－3」は3行上[2]、「i－1」は1行上を表します[3]。

```
Rangeオブジェクト.Formula = "数式"                                              [1]

[6]          Range("B" & i).Formula = "=SUM(B" & i - 3 & ":B" & i - 1 & ")"
                                                  [2]3行上          [3]1行上
```

例えば変数iの値が7のとき、「i－3」は4行目、「i－1」は6行目となり、セルB7に「=SUM（B4:B6）」という数式が入力されます[4]、[5]。

```
             Range("B7").Formula = "=SUM(B4:B6)"                                [4]
```

[5] セルB7に「=SUM(B4:B6)」が入力される

C 太字を設定して文字を強調する

セルに太字を設定／解除するには、以下の構文を使用します。Trueを指定すると書式が設定され、Falseを指定すると書式が解除されます[1]。

```
Rangeオブジェクト.Font.Bold = True / False        ── [1]太字を設定／解除する
```

コード[9]では、A行i列目のセルから1行4列分のセルに[2]、太字を設定しています[3]。例えば変数iの値が7のとき、セルA7～D7（セルA7から1行4列分のセル）の文字が太字になります。

```
[9]          Range("A" & i).Resize(1, 4).Font.Bold = True
                  [2]A行i列目のセルから1行4列分のセル    [3]太字を設定する
```

STEP UP データの範囲を自動認識して小計行を入れる

ここでは少し欲張って、マクロ[小計行挿入]を汎用性の高いマクロに改良してみましょう。表の行数を自動取得し、罫線も自動設定してみます。

サンプル:4-28_小計行挿入_応用.xlsm

```
[1]  Sub 小計行挿入_応用()
[2]      Dim i As Long
[a]      Dim 最終小計行 As Long
[b]      最終小計行 = Range("A3").CurrentRegion.Rows.Count + 3    ← ❶末尾の小計行の行番号を求める
[3]      For i = 最終小計行 To 7 Step -3
[4]          Rows(i).Insert
[5]          Range("A" & i).Value = "四半期計"
[6]          Range("B" & i).Formula = "=SUM(B" & i - 3 & ":B" & i - 1 & ")"
[7]          Range("C" & i).Formula = "=SUM(C" & i - 3 & ":C" & i - 1 & ")"
[8]          Range("D" & i).Formula = "=SUM(D" & i - 3 & ":D" & i - 1 & ")"
[9]          Range("A" & i).Resize(1, 4).Font.Bold = True
[10]     Next
[c]      Range("A3").CurrentRegion.Borders.LineStyle = xlContinuous    ← ❷表全体に格子罫線を引く
[11] End Sub
```

最後の小計行は、表の末尾行の次の行になります。コード[b]では、その行番号を調べています。「Range("A3").CurrentRegion」はセルA3を含む表を表し、「Range("A3").CurrentRegion.Rows.Count」はセルA3を含む表の行数を表します。今回の表(マクロ実行前の表)の場合、表の行数は49行です。表はワークシートの3行目から始まるので、表の行数の49に3を加えることで、表の末尾行の次の行の行番号が52行目であることがわかります。

❸この行の行番号を求める

コード[c]では、小計行挿入後の表の範囲を改めて「Range("A3").CurrentRegion」で求め、表全体に格子罫線を引いています。本来、罫線の設定が必要なのは表の最終行だけですが、表全体に格子罫線を引き直すことによって、最終行にも罫線を設定できます❹。

❹最終行に罫線が設定される

CHAPTER 4-29 住所録の住所からGoogleマップを一発表示する

Webへのリンク挿入

 あら、ナビオ君、今日はマクロの勉強をお休みして、Web検索？

 はい、新任の課長が取引先にあいさつ回りをするとかで、各取引先の住所をGoogleマップで検索して地図を印刷しているんです。

 取引先の住所データはExcelに入っているのね。それなら、セルにハイパーリンクを挿入して、地図を一発表示させちゃいましょう！

マクロの動作

住所データが入力された表があります❶。マクロを実行すると、住所に該当する地図を表示するハイパーリンクが挿入されます❷。ハイパーリンクをクリックすると、Webブラウザーが起動してGoogleマップが表示されます。

3 「住所」欄の住所に該当する地図が表示される

マクロ作りの方針

For〜Next構文を使用して、4行目〜12行目に対して処理を繰り返します。1回の繰り返し処理で、E列の住所に該当する地図を表示するハイパーリンクを、F列に挿入します。

コード

サンプル:4-29_ハイパーリンク.xlsm

```
[1]  Sub ハイパーリンク()
[2]      Dim i As Integer
[3]      For i = 4 To 12
[4]          ActiveSheet.Hyperlinks.Add Anchor:=Range("F" & i), _
                 Address:="http://maps.google.co.jp/maps?q=" & Range("E" & i).Value, _
                 TextToDisplay:="Google Map"
[5]      Next
[6]  End Sub
```

- [1] [ハイパーリンク]マクロの開始。
- [2] 整数型の変数iを用意する。行番号を数えるカウンター変数。
- [3] For〜Next構文の開始。変数iが4から12になるまで繰り返す。
- [4] F列i行目のセルにハイパーリンクを挿入する。リンク先はE列i行目の住所を表示するGoogleマップのサイト、セルに表示する文字は「Google Map」とする。
- [5] For〜Next構文の終了。
- [6] マクロの終了。

A データの行数だけ処理を繰り返す

ここでは、4行目～12行目に順にハイパーリンクを挿入していくので、For～Next構文の初期値として4、最終値として12を指定します。1回の繰り返し処理で、1行分のハイパーリンクを挿入します。

```
[3]     For i = 4 To 12
           :
[5]     Next
```

B ハイパーリンクを挿入する

ハイパーリンクを挿入するには、次の構文を使用します ■1。

```
Worksheetオブジェクト.Hyperlinks.Add(Anchor, Address, [SubAddress],
[ScreenTip], [TextToDisplay])
```
■1

各引数の内容は以下のとおりです。

- Anchor ： ハイパーリンクの挿入先を指定する。セルに挿入する場合はRangeオブジェクトを指定する。
- Address ： リンク先のアドレス（URLやファイルのパスなど）を指定する。
- SubAddress ： リンク先のサブアドレス（セルなど）を指定する。
- ScreenTip ： ハイパーリンクにマウスポインターを合わせたときに表示するヒントを指定する。
- TextToDisplay ： ハイパーリンクの挿入先に表示する文字列を指定する。

引数Addressと引数SubAddressの指定例

リンク先	引数の指定例
Webページ	Address:="https://book.mynavi.jp/"
メールアドレス	Address:="mailto:takahashi@example.com"
別ファイル	Address:="C:¥売上データ¥Book1.xlsx"
別ファイルのセル	Address:="C:¥売上データ¥Book1.xlsx", SubAddress:="Sheet2!A100"
同ファイルのセル	Address:="", SubAddress:="Sheet2!A100"

GoogleマップのURLは「http://maps.google.co.jp/」ですが、その後ろに「maps?q=キーワード」を入力すると、指定したキーワードで地図を検索できます。

ここでは、ハイパーリンクの挿入先としてF列のセル ■2、キーワードとしてE列の住所 ■3、セルに表示する文字列として「Google Map」を指定しました ■4。

```
[4]     ActiveSheet.Hyperlinks.Add Anchor:=Range("F" & i), _
            Address:="http://maps.google.co.jp/maps?q=" & Range("E" & i).Value, _
            TextToDisplay:="Google Map"
```

■2 F列i行目のセルにハイパーリンクを挿入
■3 リンク先はE列i行目の住所を表示するGoogleマップ
■4 セルに表示する文字は「Google Map」

記述ルールの確認

コード [4] では、名前付き引数で引数を指定しています。名前付き引数とは、メソッドの引数を「引数名:=設定値」の形式で指定する方式です。「=」の前の「:」を忘れずに入力しましょう。また、行末の「 _」（半角スペース＋アンダーバー）は、行継続文字で、命令文が次行に続くことを示します。

【注意】
マクロを実行する環境によっては、指定した住所を正しく検索できない場合があります。その場合、コード [4] の「/maps?q=」の部分を「/maps/search/」に置き換えて実行してみてください。

STEP UP メールアドレス欄にハイパーリンクを挿入する

取引先リストのC列に入力されているメールアドレスに、ハイパーリンクを設定してみましょう。マクロ[ハイパーリンク]のコード [4] を手直しすれば、簡単に作成できます。引数anchorにC列i行目のセルを指定し❶、引数AddressにC行i列目のセルの値の先頭に「mailto:」を付けて指定します❷。なお、引数TextToDisplayを省略すると、セルに入力されているメールアドレスが引き続きセルに表示されます。

サンプル:4-29_ハイパーリンク_応用.xlsm

```
[1]  Sub ハイパーリンク_応用()
[2]    Dim i As Long
[3]    For i = 4 To 12
[4]      ActiveSheet.Hyperlinks.Add Anchor:=Range("C" & i), _
             Address:="mailto:" & Range("C" & i).Value
[5]    Next
[6]  End Sub
```

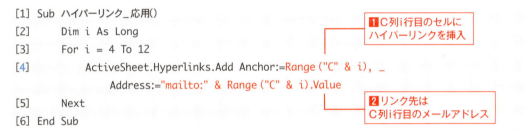

マクロを実行すると、C列のメールアドレスに直接ハイパーリンクが挿入されます。挿入されたハイパーリンクをクリックすると、メールソフトが起動し、クリックしたメールアドレスがメールの宛先欄に自動入力されます。

CHAPTER 4-30 シート上の数値データを一括削除する

コントロール

お疲れ様です。僕はもう少し残って作業します。

大変ね、どんな作業?

商品別や地域別にまとめた売上集計表がたくさんあるんですが、それを使いまわせるように、数値データを削除しているんです。間違って数式を削除しないように、慎重に作業しなきゃいけないから時間がかかっちゃって。

見出しや数式を残して、数値データだけを削除するのね。それなら、たった1行のマクロでOKよ。

マクロの動作

実際に入力した数値データと計算結果の数値が入り混じった数値表があります❶。マクロを実行すると、見出しの文字や数式を残して、数値データだけが削除されます❷。

❶ 表を表示してマクロを実行

❷ 文字や数式を残して数値データだけが削除される

**マクロ作りの方針**

SpecialCellsメソッドを使用して、ワークシート全体から数値データのセルを探して、ClearContentsメソッドで削除します。

コード

サンプル:4-30_数値消去.xlsm

```
[1] Sub 数値消去()
[2]     Cells.SpecialCells(xlCellTypeConstants, xlNumbers).ClearContents
                                    A                              B
[3] End Sub
```

[1] ［数値消去］マクロの開始。
[2] シート上の全セルから数値のセルを取得して、そのセルのデータを削除する。
[3] マクロの終了。

Hint! ほかのブックでマクロを実行するには

マクロの保存先のブックを開いておけば、ほかのブックでもマクロを実行できます。数値データを消去したいブックのワークシートを前面に表示した状態で、［開発］タブの［マクロ］ボタンをクリックします。表示される［マクロ］ダイアログボックスの［マクロの保存先］で［開いているすべてのブック］を選択し■、一覧からマクロを選択して実行します。また、CHAPTER 1-08を参考にショートカットキーを設定しておけば、ほかのブックでもより簡単にマクロを実行できます。

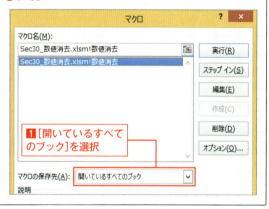

Hint! 該当するセルがない場合にエラーが発生する

SpecialCellsメソッドでは、指定した条件に該当するセルが見つからない場合に、「該当するセルが見つかりません。」という実行時エラーのメッセージが表示され、実行が中断されます■。今回のマクロの場合、ワークシート上に数値データのセルが1つもない場合に、このエラーが発生します。エラーメッセージの画面にある［終了］ボタンをクリックすると■、中断モードが解除され、マクロを終了できます。

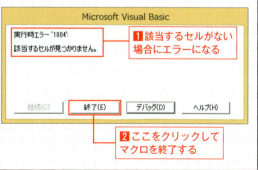

A SpecialCellsメソッドで指定した条件のセルを取得する

SpecialCellsメソッドを使用すると、指定した条件に該当するセルを取得できます❶。条件は、引数Typeと引数Valueで指定します。

> Rangeオブジェクト.SpecialCells(Type, [Value])　❶

引数Typeの主な設定値

設定値	説明
xlCellTypeComments	コメントが含まれているセル
xlCellTypeConstants	定数が含まれているセル（引数Valueで定数の種類を指定可）
xlCellTypeFormulas	数式が含まれているセル（引数Valueで定数の種類を指定可）
xlCellTypeBlanks	空白の文字列
xlCellTypeLastCell	使用されているセル範囲内の最後のセル
xlCellTypeVisible	可視セル（非表示の行や列を除外した見えているセルのこと）

引数Valueの設定値

設定値	説明
xlNumbers	数値　（0、100、200　など）
xlTextValues	文字　（北海道、商品A、小計　など）
xlLogical	論理値　（TRUE、FALSE）
xlErrors	エラー値　（#DIV/0!、#N/A、#NAME?、#NULL!、#NUM!、#REF!、#VALUE!）

※引数Valueは、引数Typeに「xlCellTypeConstants」または「xlCellTypeFormulas」を指定した場合のみ指定できる

数値データが入力されたセルを取得するには、SpecialCellsメソッドの引数Typeに「xlCellTypeConstants」、引数Valueに「xlNumbers」を指定します。コード[2]の先頭にある「Cells」はワークシート上の全セルを表すので、コード[2]ではワークシートの全セルから数値データのセルを探して取得します❶。

```
[2]    Cells.SpecialCells(xlCellTypeConstants, xlNumbers).ClearContents
```
❶ワークシート上のすべての数値データのセルを取得する

Hint! 特定の範囲から数値セルを取得するには

ワークシート上の特定のセル範囲から数値のセルを取得したいときは、SpecialCellsメソッドの先頭にセル範囲を指定します。例えば、セルA3～E10から数値データを削除するには、「Range("A3:E10").SpecialCells(……).ClearContents」と記述します。

Hint! 引数を囲むカッコの有無

メソッドはオブジェクトの動作を実行するものですが、メソッドの種類によっては実行結果を返すものがあります。メソッドの実行結果のことを「戻り値」と呼びます。マクロの中で戻り値を取得する場合、引数を丸カッコ「( )」で囲む必要があります。このセクションで紹介したSpecialCellsメソッドは条件に合うセルを探して、見つかったセルを返すメソッドです。コード[2]では、実行結果のセルを取得したので、引数をカッコで囲みました❶。

```
[2]    Cells.SpecialCells(xlCellTypeConstants, xlNumbers).ClearContents
```

❶戻り値を取得する場合は引数をカッコで囲む

反対に、戻り値を取得しない場合は、引数をカッコで囲んではいけません。誤ってカッコで囲むと、エラーになることがあります。例えば、セル範囲の周囲に罫線を引くBorderAroundメソッドは、罫線を引く動作を実行するだけで、戻り値はないので、引数はカッコで囲まずに指定します❷。

```
Range("B2:D5").BorderAround xlDouble
```

❷戻り値を取得しない場合は引数をカッコで囲まない

B 取得したセルのデータを削除する

データや数式など、セルの入力内容を削除するには、ClearContentsメソッドを使用します❶。罫線や色などの書式はそのまま、中身だけを削除できます。

`Rangeオブジェクト.ClearContents` ❶

STEP UP 削除する前に確認のメッセージを表示する

削除前に確認メッセージが表示されるようにしておくと、誤操作でマクロを実行してしまったときに、データの消失を防げます。マクロ[数値消去]を改良し、削除確認のメッセージで[OK]ボタンがクリックされたときにだけ、数値を消去するようにしてみましょう❶、❷。

❶[OK]ボタンをクリック

❷数値データが削除される

確認メッセージを表示するには、MsgBox関数を使用します❸。

`MsgBox(Prompt, [Buttons], [Title])` ❸

各引数の内容は以下のとおりです。

- Prompt ： メッセージ文を指定する。
- Buttons ： 表示するボタンやアイコンの種類を下表の設定値で指定する。「ボタン」の分類とアイコンの分類から1つずつ指定できる。両方を指定する場合は、設定値を「＋」記号でつないで「vbOKCancel + vbQuestion」のように指定する。省略した場合、[OK]ボタンのみが表示される。
- Title ： メッセージ画面のタイトルバーに表示する文字列を指定する。省略した場合、「Microsoft Excel」と表示される。

引数Buttonsの設定値

分類	設定値	表示されるボタン
ボタン	vbOKOnly	[OK]
	vbOKCancel	[OK][キャンセル]
	vbAbortRetryIgnore	[中止][再試行][無視]
	vbYesNoCancel	[はい][いいえ][キャンセル]
	vbYesNo	[はい][いいえ]
	vbRetryCancel	[再試行][無視]
アイコン	vbCritical	警告メッセージアイコン ⊗
	vbQuestion	問い合わせメッセージアイコン ❓
	vbExclamation	注意メッセージアイコン ⚠
	vbInformation	情報メッセージアイコン ℹ

コードとメッセージ画面の構成を比べて、引数の役割を確認しておきましょう❹〜❻。

132

MsgBox関数は、メッセージ画面でクリックしたボタンの種類を戻り値として返します。戻り値の種類は、次表のとおりです。例えば、メッセージ画面で[OK]ボタンがクリックされると、戻り値は「vbOK」または「1」になります7。また、[キャンセル]ボタンがクリックされると、戻り値は「vbCancel」または「2」になります8。

MsgBox関数の戻り値

戻り値	説明	値
vbOK	[OK]ボタン	1
vbCancel	[キャンセル]ボタン	2
vbAbort	[中止]ボタン	3
vbRetry	[再試行]ボタン	4
vbIgnore	[無視]ボタン	5
vbYes	[はい]ボタン	6
vbNo	[いいえ]ボタン	7

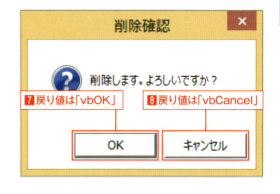

単にメッセージ画面を表示するだけの場合は、引数をカッコで囲みませんが、クリックしたボタンを取得したい場合は、引数をカッコで囲まなければエラーになるので注意してください。例えば、変数[ボタン]にMsgBox関数の戻り値を代入するには、次のように記述します9。変数[ボタン]は整数型で指定してください。

```
Dim ボタン As Integer
ボタン = MsgBox("削除します。よろしいですか?", vbOKCancel + vbQuestion, "削除確認")
```

9 クリックしたボタンを取得するには、引数をカッコで囲む

実際に、マクロ[数値消去]に確認メッセージを表示する機能を追加してみましょう。確認メッセージを表示し、その戻り値を変数[ボタン]に代入します10、11。If構文を使用して、変数[ボタン]の値が「vbOK」に等しいかどうかを判定し12、等しい場合にだけ数値データを消去します。

サンプル:4-30_数値消去_応用.xlsm

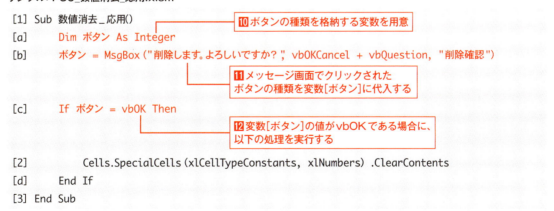

```
[1] Sub 数値消去_応用()
[a]     Dim ボタン As Integer
[b]     ボタン = MsgBox("削除します。よろしいですか?", vbOKCancel + vbQuestion, "削除確認")
[c]     If ボタン = vbOK Then
[2]         Cells.SpecialCells(xlCellTypeConstants, xlNumbers).ClearContents
[d]     End If
[3] End Sub
```

10 ボタンの種類を格納する変数を用意
11 メッセージ画面でクリックされたボタンの種類を変数[ボタン]に代入する
12 変数[ボタン]の値がvbOKである場合に、以下の処理を実行する

COLUMN
デバッグ(ブレークポイント)

100ページでステップ実行を紹介しましたが、特定の行だけをステップ実行したい場合は、「ブレークポイント」を利用しましょう。ステップ実行したい行まで一気に実行できます。

ブレークポイントを設定する

1 実行を一時停止したい行の行頭をクリックすると、その行にブレークポイントが設定され、丸印が表示されます **1**。

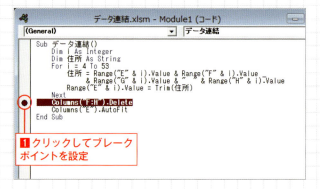

1 クリックしてブレークポイントを設定

2 マクロ内にカーソルを置き **2**、ツールバーの [Sub /ユーザーフォームの実行] ボタン ▶ をクリックするか **3**、F5 キーを押します。

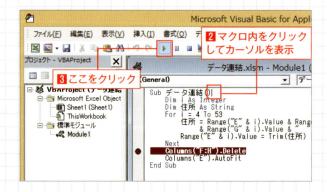

2 マクロ内をクリックしてカーソルを表示
3 ここをクリック

3 マクロの実行が開始され、ブレークポイントの前の行までが一気に実行されます **4**。ブレークポイントの行が実行される直前で一時停止するので **4**、100ページを参考に変数の値を調べたり、ワークシートの状態を確認したりします。この状態で F8 キーを押すと、以降の行をステップ実行できます。また、F5 キーを押すと、以降の行を終わりまで一気に実行できます。

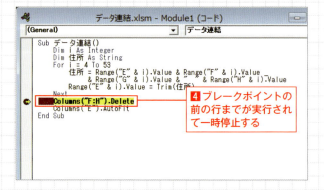

4 ブレークポイントの前の行までが実行されて一時停止する

CHAPTER 5 シート操作・ファイル操作でラクしよう

- **5-31** 各シートのセルの値をシート名に設定する
  ［シート名の設定］
- **5-32** ワークシートを名前順に並べ替える
  ［ワークシートの移動］
- **5-33** ブック内のシートを1つのシートにまとめる
  ［表のコピー／貼り付け］
- **5-34** 条件に合うデータを別シートに転記する
  ［抽出データのコピー］
- **5-35** フォルダー内のファイルを列挙する
  ［ファイル列挙］
- **5-36** フォルダー内のブックを1つのブックにまとめる
  ［ブックの統合］
- **5-37** CSVファイルのデータを整形してブックとして保存する
  ［ブックの保存］

COLUMN ヘルプの参照

CHAPTER 5-31 各シートのセルの値をシート名に設定する

シート名の設定

- マイコ先輩、ワークシートも繰り返し処理で操作できるんでしょうか？
- もちろん！ どんなことがしたいの？
- ブック内の給与明細のシートにわかりやすいシート名を付けたいんです。各シートのセルE3に入力されている番号をそのままシート名に設定できるとよいのですが…。
- それなら、いつものFor～Next構文で簡単に設定できるわよ！

マクロの動作

ブック内に「Sheet1」～「Sheet5」のワークシートがあります。マクロを実行すると、各シートのセルE3の値がシート名として設定されます 2。

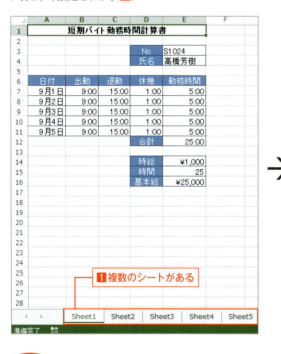

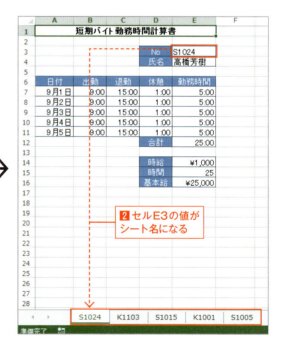

1 複数のシートがある

2 セルE3の値がシート名になる

 マクロ作りの方針

For～Next構文を使用して、先頭のワークシートから末尾のワークシートまで処理を繰り返します。1回の繰り返し処理の中で、セルE3の値をシート名として設定します。

コード

サンプル:5-31_シート名設定.xlsm

```
[1] Sub シート名設定()
[2]     Dim i As Integer
[3]     For i = 1 To Worksheets.Count ────────────────── B ── A
[4]         Worksheets(i).Name = Worksheets(i).Range("E3").Value
[5]     Next
[6] End Sub
```

[1] [シート名設定]マクロの開始。
[2] 整数型の変数iを用意する。ワークシートを数えるカウンター変数。
[3] For～Next構文の開始。変数iが1からワークシート数になるまで繰り返す。
[4] i番目のワークシートの名前に、i番目のワークシートのセルE3の値を設定する。
[5] For～Next構文の終了。
[6] マクロの終了

A ワークシートの数だけ処理を繰り返す

ブック内のワークシートは、Worksheetsコレクションという集合体で表せます**1**。Worksheetsコレクションの要素の数をCountプロパティで取得すると、ブックに含まれるワークシート数がわかります**2**。

1 Worksheetsコレクション

`Worksheets.Count` ── **2** ブック内のワークシート数

ブック内のすべてのワークシートに対して処理を行うには、For～Next構文の初期値として1、最終値としてワークシート数「Worksheets.Count」を指定します**3**。

今回のサンプルはワークシート数が5なので、カウンター変数iは、「1、2、3、4、5」と増えていきます。

```
[3]     For i = 1 To Worksheets.Count
            :
[5]     Next                    3
```

B セルE1の値をワークシートの名前にする

ワークシートの名前を設定するには、WorksheetオブジェクトのNameプロパティを使用します ①。

> Worksheetオブジェクト.Name = シート名　　　　　　　　　　　　　①

i番目のワークシートは「Worksheets（i）」で表せるので、i番目のワークシートの名前は「Worksheets（i）.Name」 ②、i番目のワークシートのセルE3の値は「Worksheets（i）.Range（"E3"）.Value」となります ③〜⑦。「Worksheets（i）」を付けずに単に「Range（"E3"）.Value」とすると、アクティブシート（前面に表示されているワークシート）のセルE3という意味になってしまうので、忘れずに「Worksheets（i）」を付けてください。

[4]　Worksheets(i).Name = Worksheets(i).Range("E3").Value
　　　②i番目のワークシートの名前　　③i番目のワークシートのセルE3の値

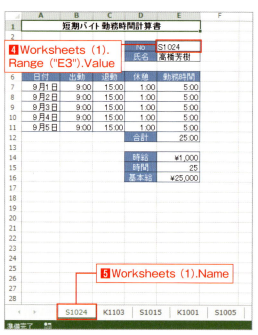

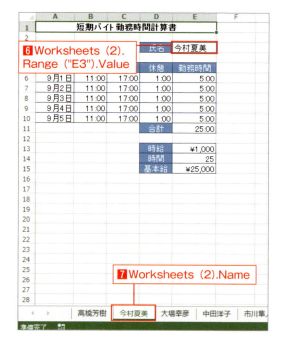

Hint! ワークシートの命名規則

ワークシートの命名規則は次のとおりです。この規則に従わない文字列がセルE3に入力されている場合、エラーが発生するので注意してください。
- 31文字以内
- コロン「:」、円記号「¥」、スラッシュ「/」、疑問符「?」、アスタリスク「*」、左角カッコ「[」、右角カッコ「]」が含まれないこと
- 空白でないこと
- 同じブック内に同じ名前のワークシートがないこと

STEP UP　For Each~Next構文を使用してワークシートの数だけ処理を繰り返す

ブック内のすべてのシートに対して処理を繰り返したいときは、107ページで紹介した「For Each~Next構文」を使用することもできます。構文は以下のとおりです 1 。

```
Dim オブジェクト変数 As Worksheet
For Each オブジェクト変数 In Worksheets
    処理
Next
```

1

For Each~Next構文では、Worksheetsコレクション（ブック内のワークシートの集合）に含まれるWorksheetオブジェクトの数だけ処理を繰り返します。1回の処理につき、ブック内のワークシートが1つずつオブジェクト変数に格納されて、処理が実行されます。この構文を使用して、マクロ［シート名設定］を書き換えてみましょう。赤字部分が修正箇所です。

サンプル:5-31_シート名設定_応用1.xlsm

```
[1] Sub シート名設定_応用1()
[2]     Dim シート As Worksheet          ── 2 Worksheet型の変数[シート]を用意
[a]     For Each シート In Worksheets    ── 3 ブック内の各ワークシートに対して処理を実行
[4]         シート.Name = シート.Range("E3").Value
[5]     Next                             ── 4 [シート]の名前に、[シート]のセルE3の値を設定
[6] End Sub
```

コード［a］の「Worksheets」には、「Sheet1」「Sheet2」「Sheet3」「Sheet4」「Sheet5」の5つのワークシートが含まれるので、コード［4］の処理は5回繰り返されます。1回の処理につき、いずれかのワークシートが変数［シート］に代入され、そのワークシートの名前が設定されます。

Hint!　WorksheetとWorksheets

WorksheetオブジェクトとWorksheetsコレクションの違いに注意しましょう。Worksheetオブジェクトは1つのワークシートを表します。一方、Worksheetsコレクションは Worksheetオブジェクトの集合体で、つづりの末尾に複数形の「s」が付きます。変数［シート］にはWorksheetsコレクションの中のWorksheetオブジェクトが代入されるので、コード［2］では単数形のWorksheet型で宣言します。

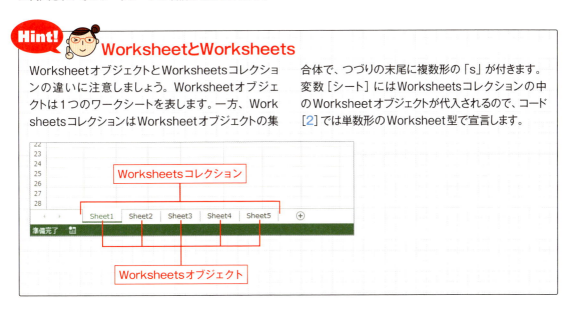

139

STEP UP 指定した単語+連番のシート名を設定する

指定した単語に連番を加えてシート名に設定するマクロを作成しましょう。単語の指定は、ダイアログボックスで入力できるようにします。入力用のダイアログボックスを表示して、入力内容を取得するには、InputBox関数を使用します**1**。

`InputBox(Prompt, [Title], [Default])` **1**

各引数の内容は以下のとおりです。

- Prompt ： ダイアログボックスに表示するメッセージ文を指定する。
- Title： ダイアログボックスのタイトルバーに表示する文字列を指定する。省略した場合、「Microsoft Excel」と表示される。
- Default ： ダイアログボックスの入力欄にあらかじめ入力しておく既定値を指定する。省略した場合は、入力欄は空欄になる。

サンプル:5-31_シート名設定_応用2.xlsm

```
[1] Sub シート名設定_応用2()
[a]     Dim 共通名 As String
[2]     Dim i As Integer
[b]     共通名 = InputBox("シートに設定する共通名を入力してください。")
[3]     For i = 1 To Worksheets.Count
[4]         Worksheets(i).Name = 共通名 & i
[5]     Next
[6] End
```

2 入力用のダイアログボックスを表示して、入力された内容を変数[共通名]に代入する

3 ワークシートに「共通名+連番」の名前を付ける

マクロを実行すると、入力用のダイアログボックスが表示されます。単語（ここでは「勤務表」）を入力して**4**、[OK]ボタンをクリックすると**5**、ワークシートの名前が「勤務表1」「勤務表2」…に変わります**6**。

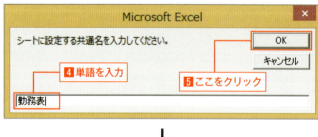

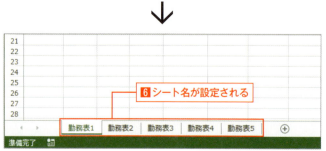

キャンセルされた場合

ダイアログボックスに何も入力せずに[OK]ボタンがクリックされた場合、および[キャンセル]ボタンがクリックされた場合、InputBox関数の戻り値は空の文字列「""」になります。

STEP UP ジャンプ機能を持つシート目次を作成する

ワークシート名を列挙したシート目次を作成してみましょう。ここでは、各ワークシートにジャンプするリンク機能も持たせます。リンク機能は、CHAPTER 4-29で紹介したHyperlinksメソッドを使用します**1**。

```
Worksheetオブジェクト.Hyperlinks.Add(Anchor, Address, [SubAddress],
[ScreenTip], [TextToDisplay])
```
1

サンプル:5-31_シート名設定_応用3.xlsm

```
[1]  Sub シート目次作成()
[2]      Dim i As Integer
[3]      For i = 2 To Worksheets.Count
[a]          Range("A" & i + 2).Value = Worksheets(i).Name
[b]          Range("B" & i + 2).Value = Worksheets(i).Range("E4").Value
[c]          ActiveSheet.Hyperlinks.Add Anchor:=Range("C" & i + 2), _
                 Address:="", SubAddress:=Worksheets(i).Name & "!A1", _
                 TextToDisplay:="ジャンプ"
[5]      Next
[6]  End Sub
```

2 A列にシート名を入力
3 B列に各シートのセルE4の値を入力
4 C列に各シートのセルA1へのハイパーリンクを挿入

先頭のシートを表示してマクロを実行すると**5**、リンク機能を持つシート目次が作成されます**6**。リンクをクリックすると**7**、該当のシートに切り替わります**8**。

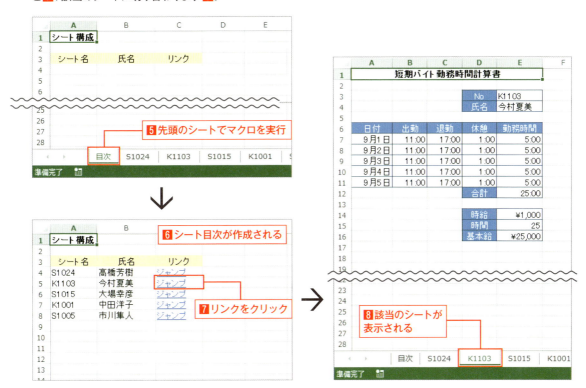

5 先頭のシートでマクロを実行
6 シート目次が作成される
7 リンクをクリック
8 該当のシートが表示される

CHAPTER 5-32 ワークシートを名前順に並べ替える

ワークシートの移動

 先輩、先日はシート名設定のマクロ、ありがとうございました。同じ体裁の給与明細のファイルがたくさんあるので、助かります。

 だったら、今度、「全ファイルを一括設定するマクロ」を一緒に作ってみましょう。

 それは便利そうですね。ただ、その前に、別の相談に乗ってもらえないでしょうか。シートを名前順に並べ替えたいんです。

 OK。やってみましょう。

マクロの動作

ブック内に複数のワークシートがあります❶。マクロを実行すると、ワークシートが名前の順番に並べ替えられます❷。

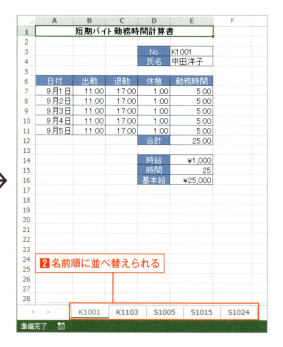

❶複数のワークシートがある

❷名前順に並べ替えられる

Hint! マクロ作りの方針

新しいワークシートを挿入して、そこにシート名を書き出します。Sortメソッドでシート名を並べ替え、並べ替えた順番に沿ってワークシートを移動すると、ワークシートが名前順に並べ替えられます。

コード

サンプル:5-32_シート並べ替え.xlsm

```
[1]  Sub シート名順に並べ替え()
[2]      Dim i As Integer
[3]      Worksheets.Add Before:=Worksheets(1)                    ──A
[4]      For i = 2 To Worksheets.Count
[5]          Range("A" & i).Value = Worksheets(i).Name           ──B
[6]      Next
[7]      Range("A2").Sort Key1:=Range("A2"), Order1:=xlAscending, Header:=xlNo  ──C
[8]      For i = 2 To Worksheets.Count
[9]          Worksheets(Worksheets(1).Range("A" & i).Value).Move _
                 After:=Worksheets(Worksheets.Count)             ──D
[10]     Next
[11]     Application.DisplayAlerts = False
[12]     Worksheets(1).Delete                                    ──E
[13]     Application.DisplayAlerts = True
[14]     Worksheets(1).Select
[15] End Sub
```

[1] [シート名順に並べ替え]マクロの開始。
[2] 整数型の変数iを用意する。ワークシートを数えるカウンター変数。
[3] 1番目のワークシートの前にワークシートを追加する。
[4] For～Next構文の開始。変数iが2からワークシート数になるまで繰り返す。
[5] A列i行目のセルにi番目のワークシートの名前を入力する。
[6] For～Next構文の終了。
[7] セルA2を含むセル範囲を、先頭に見出しがないものとして、A列を基準に昇順に並べ替える。
[8] For～Next構文の開始。変数iが2からワークシート数になるまで繰り返す。
[9] 1番目のワークシートのA列i行目のセルの値をシート名とするワークシートを末尾のワークシートの後ろに移動する。
[10] For～Next構文の終了。
[11] 確認メッセージが表示されない状態にする。
[12] 1番目のワークシートを削除する。
[13] 確認メッセージが表示される状態にする。
[14] 1番目のワークシートを選択する。
[15] マクロの終了。

A 作業用のワークシートを追加する

新しいワークシートを追加するには、WorksheetsコレクションのAddメソッドを使用します❶。ワークシートを追加すると、追加したワークシートがアクティブシート（最前面に表示されるシート）になります。

```
Worksheets.Add([Before], [After], [Count])                              ❶
```

各引数の内容は以下のとおりです。

- Before、After ： 追加先のワークシートを指定する。引数Beforeを指定した場合は指定したワークシートの前（左）に、引数Afterを指定した場合は指定したワークシートの後ろ（右）に追加される。両方を省略した場合は、アクティブシートの前（左）に追加される。
- Count ： 追加するワークシートの数を指定する。省略した場合の追加数は1。

ここでは、引数Beforeに「Worksheets(1)」を指定して、先頭の位置に追加しました❷、❸。2番目以降のワークシートが、元からあるワークシートです❹。追加したワークシート（ここでは[Sheet1]シート）は、アクティブシートになります。

B 作業用シートにシート名を書き出す

コード[4]〜コード[6]では、作業用シートのA列にシート名を書き出しています。2番目から末尾までのワークシートが元からあるワークシートなので、For〜Next構文の初期値として2、最終値としてワークシート数「Worksheets.Count」を指定します❶。この時点のワークシート数は6なので、カウンター変数iは、「2、3、4、5、6」と増えていきます。

コード[5]では、A列i行目のセルに、i番目のワークシートの名前を入力しています。「Range("A" & i).Value」は、アクティブシートのA列i行目のセルのことです。この時点でのアクティブシートは、コード[3]で追加しした作業用シートなので、入力先は作業用シートということになります。変数iは2〜6に変化するので、コード[4]〜コード[6]を実行すると、A列の2行目以降にシート名が書き出されます❷。

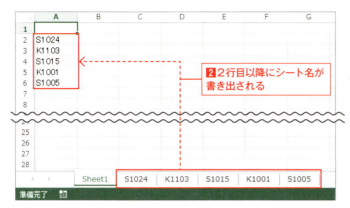

2 2行目以降にシート名が書き出される

Hint! シート名が漢字の場合

シート名にはふりがなの情報が含まれないので、シート名が漢字の場合は、ワークシートを五十音順に並べ替えられません。

C シート名順にセルを並べ替える

コード[7]では、Sortメソッドを使用して、作業用シートに入力したシート名のセルを昇順に並べ替えます**1**〜**3**。Sortメソッドの詳細は、CHAPTER 3-22を参照してください。

```
Rangeオブジェクト.Sort ([Key1:=並べ替えの基準], [Order1:=昇順／降順],
[Key2:=並べ替えの基準], [Order2:=昇順／降順], [Key3:=並べ替えの基準],
[Order3:=昇順／降順], [Header:=見出しの有無])                          1
```

[7]　　Range ("A2").Sort Key1:=Range ("A2"), Order1:=xlAscending, Header:=xlNo　　**2**

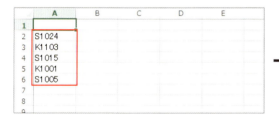 →

3 シート名順に並べ替える

D シート名順にワークシートを末尾に移動する

コード[8]〜コード[10]では、ワークシートをシート名順に並べ替えています。2番目から末尾までのワークシートを並べ替えるので、For〜Next構文の初期値として2、最終値としてワークシート数「Worksheets.Count」を指定します**1**。カウンター変数iは、「2、3、4、5、6」と増えていきます。

```
[8]     For i = 2 To Worksheets.Count
[9]         Worksheets(Worksheets(1).Range("A" & i).Value) .Move _
                After:=Worksheets(Worksheets.Count)
[10]    Next
```
1

ワークシートを移動するには、Worksheetオブジェクトの Move メソッドを使用します❷。引数 Before または引数 After で、移動先のワークシートを指定します。引数 Before を指定した場合は指定したワークシートの前（左）に、引数 After を指定した場合は指定したワークシートの後ろ（右）に移動します。両方を省略した場合は、新規ブックが作成されて、そこにワークシートが移動します。

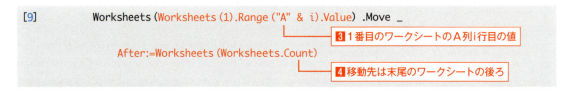

❷ワークシートを移動する

コード [9] では、作業用シートのA列i行目に入力されているシート名のシートを❸、移動しています。「Worksheets.Count」（ワークシートの数）は「6」なので、移動先は6番目のワークシートの後ろ、つまり末尾のワークシートの後ろ位置になります❹。

```
[9]          Worksheets(Worksheets(1).Range("A" & i).Value).Move _
                                                               ❸1番目のワークシートのA列i行目の値
             After:=Worksheets(Worksheets.Count)
                                                               ❹移動先は末尾のワークシートの後ろ
```

For～Next構文で変数iが2、3…、6と変化していくのに応じて、コード [9] の「Range("A" & i)」はセルA2、セルA3…、セルA6と変化し、移動するワークシートはWorksheets("K1001")、Worksheets("K1103")…、Worksheets("S1024")と変化します。

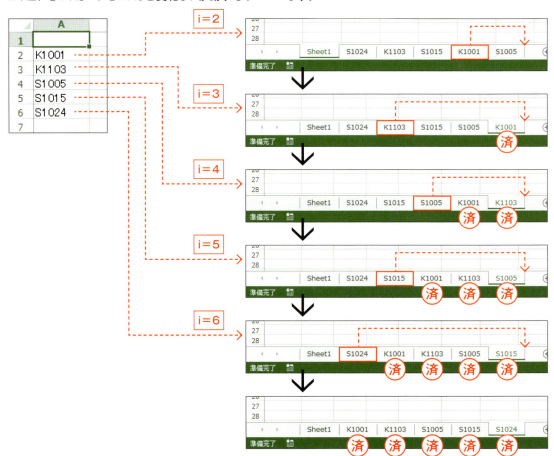

Hint! セルの指定にワークシートを明記する

ワークシートを移動すると、移動したワークシートがアクティブシートになります。したがって、コード[9]を実行する時点で作業用シートはアクティブシートではなくなるので、コード[9]のセルの指定では、「Worksheets（1）.Range（"A" & i）.Value」のように記述して、どのワークシートのセルなのかを明記する必要があります。

E 作業用のシートを削除する

ワークシートの並べ替えが済んだら、Delete メソッドを使用して❶、作業用シートを削除します。Delete メソッドを実行すると、削除確認のメッセージが表示されます❷。

`Worksheet オブジェクト.Delete` ──── ❶ワークシートを削除する

❷削除確認のメッセージが表示される

作業用シートは削除してかまわないので、ユーザーに確認する必要はありません。そこで、まずメッセージが表示されない状態にしてから❸、作業用シート（1番目の位置にあるワークシート）を削除し❹、再度メッセージが表示される状態に戻します❺。最後に、先頭のワークシート（ここでは[K1001]シート）を選択して終了します❻。

```
[11]    Application.DisplayAlerts = False      ── ❸
[12]    Worksheets(1).Delete                    ── ❹1番目のワークシートを削除する
[13]    Application.DisplayAlerts = True        ── ❺
[14]    Worksheets(1).Select                    ── ❻1番目のワークシートを選択する
```

Hint! 各シートの特定のセルを基準にワークシートを並べ替えるには

ここでは、作業シートに各ワークシートの名前を書き出して並べ替えを行いましたが、シート名の代わりに各シートのセルの値を書き出せば、そのセルの値を基準にワークシートを並べ替えることができます。その際、基準のセルを各シートから作業シートにコピーすれば、セルに含まれるふりがな情報ごとコピーされるので、五十音順に並べ替えることも可能です。例えば、マクロ[シート名順に並べ替え]のコード[5]の代わりに以下のコードを記述すると❶、セルE4に入力された氏名の五十音順にワークシートを並べ替えることができます❷。

❷セルE4の値を基準にワークシートを並べ替える

`Worksheets(i).Range("E4").Copy Range("A" & i)` ──── ❶i番目のワークシートのセルE4をA列i行目のセルにコピーする

CHAPTER 5-33 ブック内のシートを1つのシートにまとめる

表のコピー／貼り付け

 マイコ先輩、ちょっと見てもらえますか。各シートに部署別の名簿が入力されているんですが、これを1つの表にまとめたいんです。

 どのシートも同じ体裁の表が入力されているのね？

 はい。データの件数はそれぞれ異なりますが、「社員番号」「氏名」などの項目名や項目の並び順は共通です。

 それなら、いつものFor～Next構文で、各シートのデータをコピー／貼り付けすればいいわ。

マクロの動作

複数のワークシートに同じ体裁の表が入力されています❶。マクロを実行すると、各シートの表のデータが[統合]シートにまとめられます❷。

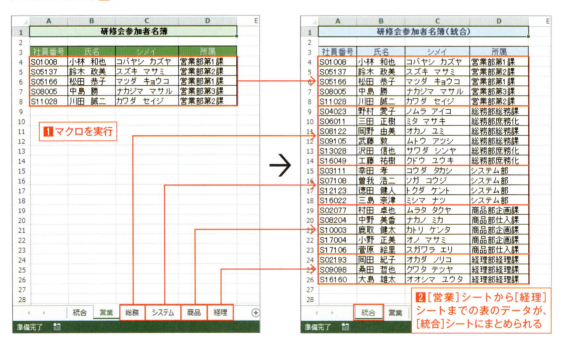

❶マクロを実行

❷[営業]シートから[経理]シートまでの表のデータが、[統合]シートにまとめられる

> **Hint!**  **マクロ作りの方針**
>
> For～Next構文を使用して、[営業]シートから[経理]シートまでのシートの数だけ処理を繰り返します。
> 1回の繰り返し処理につき、各シートのデータをコピーし、[統合]シートの新しい行に貼り付けます。

[統合]シートの準備

ここでは、ワークシートの先頭にある[統合]シートに表の見出しが入力されており、列幅が調整されているものとします**1**。

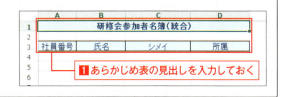

1 あらかじめ表の見出しを入力しておく

コード

サンプル:5-33_シート統合.xlsm

```
[1]  Sub シート統合()
[2]      Dim i As Integer
[3]      Dim データ数 As Long
[4]      Dim 貼付先行 As Long
[5]      貼付先行 = 4
[6]      For i = 2 To Worksheets.Count
[7]          データ数 = Worksheets(i).Range("A3").CurrentRegion.Rows.Count - 1    B
[8]          Worksheets(i).Range("A4").Resize(データ数, 4).Copy _
                 Worksheets("統合").Range("A" & 貼付先行)     C
[9]          貼付先行 = 貼付先行 + データ数
[10]     Next
[11] End Sub
```

[1] [シート統合]マクロの開始。
[2] 整数型の変数iを用意する。ワークシートを数えるカウンター変数。
[3] 長整数型の変数[データ数]を用意する。各シートのデータ数を代入する変数。
[4] 長整数型の変数[貼付先行]を用意する。[統合]シートの貼り付け先の行番号を代入する変数。
[5] 変数[貼付先行]に4を代入する。
[6] For～Next構文の開始。変数iが2からワークシート数になるまで繰り返す。
[7] i番目のワークシートのセルA3を含む表のセル範囲の行数から1を引いて、変数[データ数]に代入する
[8] i番目のワークシートのセルA4から[データ数]行4列分のセル範囲をコピーし、[統合]シートのA列[貼付先行]行目のセルに貼り付ける。
[9] 変数[貼付先行]の値に変数[データ数]の値を加える。
[10] For～Next構文の終了。
[11] マクロの終了。

A ワークシートの数だけ処理を繰り返す

名簿が入力されているのは、2番目から末尾までのワークシートなので、For～Next構文の初期値として2、最終値としてワークシート数「Worksheets.Count」を指定します❶。今回のサンプルはワークシート数が6なので、カウンター変数iは、「2、3、4、5、6」と増えていきます❷。

B 表に入力されているデータ数を求める

表のデータ数はシートごとに異なるので、それぞれ調べる必要があります。RangeオブジェクトのCurrentRegionプロパティを使用すると、指定したセルを含む長方形のセル範囲を取得できます❶。さらに、その末尾に「Rows.Count」を付けるとセル範囲の行数を取得でき、そこから表の見出しの分の1を引くと、表のデータ数が求められます❷～❺。

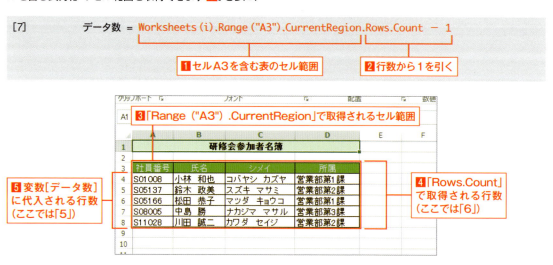

C 表をコピー／貼り付けする

セルをコピーするには、RangeオブジェクトのCopyメソッドを使用します❶。引数Destinationには、貼り付け先の先頭セルまたはセル範囲を指定します。

Rangeオブジェクト.Copy([Destination])   ❶

コピーするのは、i番目のワークシートのセルA4から[データ数]行4列分のセル範囲です❷。また、貼り付け先は、[統合]シートのA列[貼付先行]行目のセルです❸。貼り付けた後、変数[貼付先行]に変数[データ数]の値を加えて、次の貼り付け先の行番号を求めます❹。

[8]　　Worksheets(i).Range("A4").Resize(データ数, 4).Copy _
　　　　　　　　　　　　　　　　❷コピーするセル範囲

　　　　Worksheets("統合").Range("A" & 貼付先行)
　　　　　　　　　　　　　　　　❸貼り付け先のセル

[9]　　貼付先行 = 貼付先行 + データ数　　❹次の貼り付け先の行番号を求める

「i = 2」のとき、2番目のワークシートのセルA4から[データ数]行(ここでは5行)4列のセル範囲が、[統合]シートの[貼付先行]行目(ここでは4行目)に貼り付けられます❺、❻。次の貼り付け先は、変数[貼付先行]の4に変数[データ数]の5を加えた9になります❼。

❺セルA4から5行4列をコピー

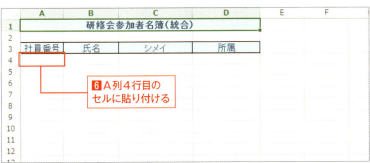
❻A列4行目のセルに貼り付ける

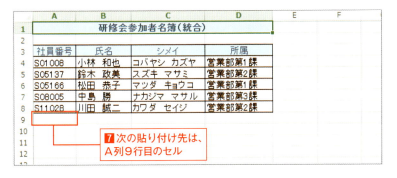
❼次の貼り付け先は、A列9行目のセル

CHAPTER 5-34 | 条件に合うデータを別シートに転記する

抽出データのコピー

 ナビオ君、今日は何をしているの？

 これまで一括管理していたユーザー情報を、登録商品別に管理することになったんです。それで、名簿の分解作業をしているんです。何か、効率的な方法はありますか？

 オートフィルターとコピーを利用したらどうかしら？ 登録商品を条件としてユーザーデータを抽出して、それを新しいシートにコピーするマクロを作りましょう。

マクロの動作

［名簿］シートにユーザー情報が入力されています。抽出条件を入力して❶、［新規シートへ転記］ボタンをクリックすると❷、新しいワークシートが追加され❸、指定した条件に合うユーザーのデータが転記されます❹。

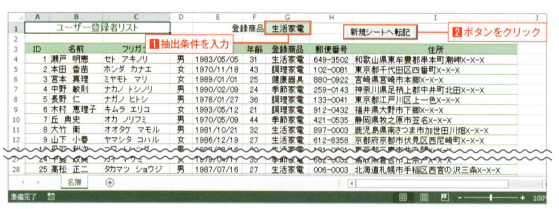

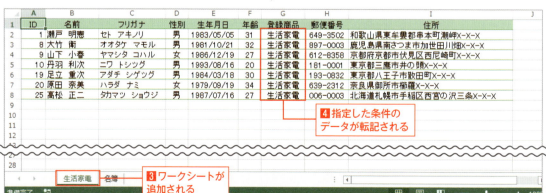

マクロ作りの方針

オートフィルターを設定して、条件に合うデータを抽出し、抽出結果をコピーします。新しいワークシートを追加して、コピーしたデータを貼り付けます。

コード

サンプル:5-34_抽出結果の転記.xlsm

```
[1]  Sub 抽出結果の転記()
[2]      Dim 条件 As String
[3]      条件 = Range("G1").Value
[4]      Range("A3").AutoFilter 7, 条件
[5]      Range("A3").CurrentRegion.Copy
[6]      Worksheets.Add
[7]      ActiveSheet.Name = 条件
[8]      Range("A1").PasteSpecial xlPasteColumnWidths
[9]      Range("A1").PasteSpecial
[10]     Range("A1").Select
[11]     Application.CutCopyMode = False
[12]     Worksheets("名簿").AutoFilterMode = False
[13] End Sub
```

[1] [抽出結果の転記]マクロの開始。
[2] 文字列型の変数[条件]を用意する。抽出条件を代入する変数。
[3] 変数[条件]にセルG1の値を代入する。
[4] セルA3を含む表にオートフィルターを設定し、7列目から変数[条件]の値に一致するデータを抽出する。
[5] セルA3を含む表のセル範囲をコピーする。
[6] 新しいワークシートを追加する。
[7] アクティブシートの名前を変数[条件]の値とする。
[8] セルA1に列幅を貼り付ける。
[9] セルA1に貼り付ける。
[10] セルA1を選択する。
[11] コピーモードを解除する。
[12] [名簿]シートのオートフィルターを解除する。
[13] マクロの終了。

A 指定した条件に合うデータを抽出する

指定した条件に合うデータを抽出するには、AutoFilterメソッドを使用します **1**。条件が1つだけの場合、1番目の引数Fieldに条件を設定する列、2番目の引数Criteria1に抽出条件を指定すれば抽出を実行できます。

```
Rangeオブジェクト.AutoFilter([Field], [Criteria1], [Operator], [Criteria2], [VisbleDropDown])
```
1

まず、抽出条件となるセルG1の値を変数［条件］に代入します **2**。ここでは表の7列目に条件を設定するので、AutoFilterメソッドの引数Fieldに「7」、引数Criteria1に変数［条件］を指定します **3**。セルG1に「生活家電」と入力されている場合、表の7列目の「登録商品」欄に「生活家電」と入力されているデータが抽出されます **4**。

```
[3]     条件 = Range("G1").Value
[4]     Range("A3").AutoFilter 7, 条件
```

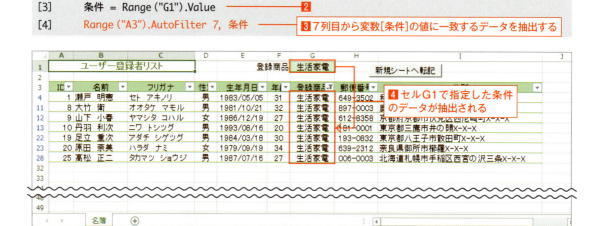

B 抽出結果をコピーする

セルをコピーするには、RangeオブジェクトのCopyメソッドを使用します **1**。引数Destinationは貼り付け先を指定する引数ですが、省略した場合はコピーしたセルがクリップボードに保管されます。クリップボードとは、コピーした内容を記憶するためのWindowsの記憶領域のことです。

```
Rangeオブジェクト.Copy([Destination])
```
1

コード［5］の「Range("A3").CurrentRegion」はセルA3を含む空白行と空白列で囲まれたセル範囲のことで、このコードを実行すると抽出結果をクリップボードに格納できます **2**。クリップボードに格納されるとコピーモードになり、セル範囲の周りに破線が点滅します **3**。

```
[5]     Range("A3").CurrentRegion.Copy
```
2

3 この部分がクリップボードに格納され、コピーモードになる

Hint! コピーモードとクリップボード

引数を指定せずに「Range("A1").Copy」と記述すると、セルA1がクリップボードに格納され、コピーモードになります。コピーモード中、セルA1の周囲が点滅し、PasteメソッドやPasteSpecialメソッドを使用して何度でも貼り付け操作が行えます。一方、「Range("A1").Copy Range("B1")」のように引数Destinationを指定した場合、即座にセルA1がセルB1にコピーされ、コピーモードになりません。

C 新しいワークシートを用意する

WorksheetsコレクションのAddメソッドを実行すると、ワークシートを追加できます **1**。Addメソッドは、コレクションに要素を追加するメソッドで、WorksheetsコレクションのはWorkhseetオブジェクト、つまりワークシートが追加されます。ワークシートを追加すると追加したワークシートがアクティブシートになります。コード[7]の「ActiveSheet」は追加したワークシートのことで、新しいワークシートの名前が変数[条件]の値（ここでは「生活家電」）になります **2**～**4**。

```
[6]    Worksheets.Add                    1
[7]    ActiveSheet.Name = 条件           2
```

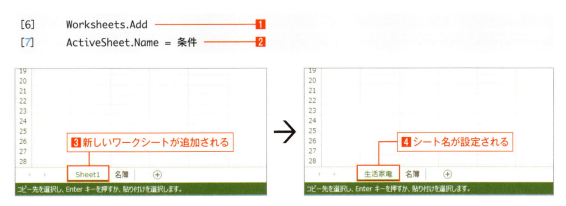

3 新しいワークシートが追加される　→　**4** シート名が設定される

Hint! 2度目の実行は要注意

このマクロを同じ抽出条件で2回実行すると、コード[7]のシート名の設定でエラーが発生します。ワークシートに、ブック内のほかのワークシートと同じ名前を設定できないからです。メッセージ画面の[終了]ボタンをクリックしてマクロを終了し、前回のワークシートを削除してから実行し直しましょう。

D コピーしたセルを列幅ごと貼り付ける

PasteSpecialメソッドを使用すると、クリップボードに格納されているセルを、引数Pasteで指定した条件で貼り付けることができます。引数Pasteを省略した場合は、「xlPasteAll」を指定した場合と同様、一般的な貼り付けが行われます。省略可能な引数がほかにもありますが、ここでは使用しません。貼り付け先は、先頭のRangeオブジェクトで指定します ■1。

```
Rangeオブジェクト.PasteSpecial ([Paste])                    ■1
```

引数Pasteの主な設定値

設定値	説明
xlPasteAll	すべて(一般的な貼り付け、入力内容と書式が貼り付けられる)
xlPasteFormulas	数式
xlPasteValues	値
xlPasteFormats	書式
xlPasteAllExceptBorders	罫線を除くすべて
xlPasteColumnWidths	列幅
xlPasteFormulasAndNumberFormats	数式と表示形式
xlPasteValuesAndNumberFormats	値と表示形式

ここでは、セルA1に対して貼り付けを行います。「xlPasteColumnWidths」を指定して列幅の貼り付けを行い ■2、続いて、通常の貼り付けを行います ■3 ～ ■5。

```
[8]     Range("A1").PasteSpecial xlPasteColumnWidths      ■2
[9]     Range("A1").PasteSpecial                          ■3
```

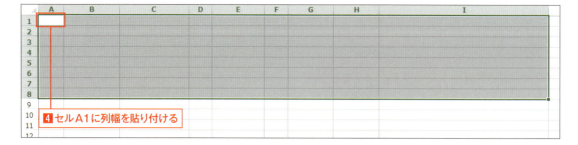

■4 セルA1に列幅を貼り付ける

■5 セルA1にデータや書式を貼り付ける

E コピーモードとオートフィルターを解除する

最後に、後処理を行います。貼り付けを実行すると、貼り付けたセル範囲が選択された状態になるので、セルA1を選択し直します❶。CutCopyModeプロパティにFalseを設定してコピーモードを解除し❷、AutoFilterModeプロパティにFalseを設定して[名簿]シートのオートフィルターを解除します❸。

```
[10]    Range("A1").Select                              ❶
[11]    Application.CutCopyMode = False                 ❷
[12]    Worksheets("名簿").AutoFilterMode = False       ❸
```

Hint! 貼り付けの種類

PasteSpecialメソッドでは、引数Pasteの使い分けが大切です。下図のセルD1〜D3をコピーした場合について❶、❷、設定値「xlPasteAll」「xlPasteFormulas」「xlPasteValues」「xlPasteFormats」の違いを見ていきましょう❸〜❻。

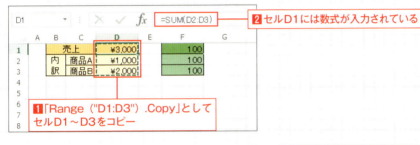

❶「Range("D1:D3").Copy」としてセルD1〜D3をコピー
❷セルD1には数式が入力されている

Range("F1").PasteSpecial xlPasteAll

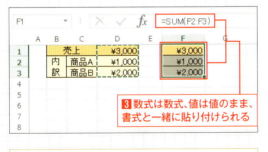

❸数式は数式、値は値のまま、書式と一緒に貼り付けられる

Range("F1").PasteSpecial xlPasteFormulas

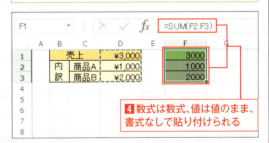

❹数式は数式、値は値のまま、書式なしで貼り付けられる

Range("F1").PasteSpecial xlPasteValues

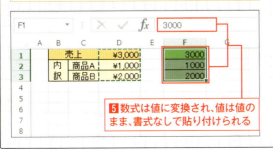

❺数式は値に変換され、値は値のまま、書式なしで貼り付けられる

Range("F1").PasteSpecial xlPasteFormats

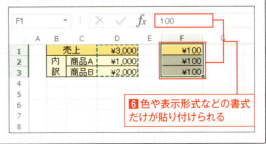

❻色や表示形式などの書式だけが貼り付けられる

STEP UP 商品ごとにシートを分けて転記する

マクロ［抽出結果の転記］では指定した商品だけを別シートに転記しましたが、ここでは複数の商品について、それぞれ別シートに転記してみましょう。転記する商品は、［名簿］シートのセルK4～K8に入力されているものとします❶、❷。

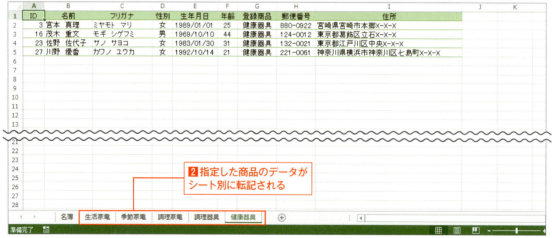

行を数える変数iを用意し、For～Next構文を使用して変数iを4から8まで変化させます❶。1回の繰り返し処理につき、K列i行目のセルの値を変数［条件］に代入し❷、それを条件に転記処理を行います。マクロの実行直後のアクティブシートは［名簿］シートですが、ワークシートを追加すると追加したワークシートがアクティブシートになります。2回目以降の繰り返し処理で、アクティブではなくなった［名簿］シートに対してコード［3］～［5］の処理が正しく行われるように、「Range」の前に「Worksheets("名簿").」を明記します❸。なお、コード［6］でワークシートの追加先が末尾の位置になるようにしたのは❹、［名簿］シートのセルK4～K8の値の順にワークシートを並べるためです。

サンプル:5-34_抽出結果の転記_応用.xlsm

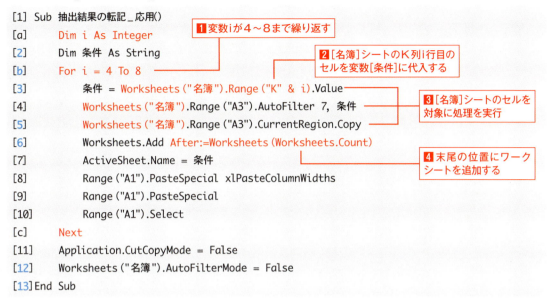

```
[1] Sub 抽出結果の転記_応用()
[a]     Dim i As Integer
[2]     Dim 条件 As String
[b]     For i = 4 To 8
[3]         条件 = Worksheets("名簿").Range("K" & i).Value
[4]         Worksheets("名簿").Range("A3").AutoFilter 7, 条件
[5]         Worksheets("名簿").Range("A3").CurrentRegion.Copy
[6]         Worksheets.Add After:=Worksheets(Worksheets.Count)
[7]         ActiveSheet.Name = 条件
[8]         Range("A1").PasteSpecial xlPasteColumnWidths
[9]         Range("A1").PasteSpecial
[10]        Range("A1").Select
[c]     Next
[11]    Application.CutCopyMode = False
[12]    Worksheets("名簿").AutoFilterMode = False
[13] End Sub
```

Hint! 画面のちらつきを防ぐ

マクロ［抽出結果の転記_応用］では、複数のワークシートが頻繁に切り替わるので、マクロの実行中に画面がちらつきます。ちらつきを防ぐには、ApplicationオブジェクトのScreenUpdatingプロパティを使用します。Falseを設定すると、マクロの実行中に画面が更新されなくなります❶。また、更新が止まる分、マクロの処理速度も上がります。ScreenUpdatingプロパティをTrueに戻すと、画面が更新されます❷。

```
Application.ScreenUpdating = False
```
❶このコードをコード[2]と[b]の間に入れて、画面の更新を止める

```
Application.ScreenUpdating = True
```
❷このコードをコード[12]と[13]の間に入れて、画面の更新を行う設定に戻す

Hint! Applicationオブジェクト

Applicationオブジェクトは、Excel自体を表すオブジェクトで、Excel全体の設定を行うときなどに使用します。画面の更新を制御するScreenUpdatingプロパティのほか、メッセージの表示／非表示を制御するDisplayAlertsプロパティや、コピーモードを制御するCutCopyModeプロパティなどのプロパティを持ちます。

CHAPTER 5-35 フォルダー内のファイルを列挙する

ファイル列挙

 ナビオ君、大変そうね。デスクトップにフォルダーやブックをたくさん広げちゃって。

 はい、各支店から届いたブックが「売上」フォルダーにあるんですが、それを1つのブックにまとめる作業をしているんです。こんな作業もマクロで処理できるんでしょうか？

 もちろん。ただ、いきなり作るにはハードルが高いわね。まずは、フォルダーの中にどんなブックがあるか、もれなく調べるマクロを作ってみましょう。

マクロの動作

マクロを実行すると❶、「C:¥データ¥売上」フォルダー（Cドライブの「データ」フォルダーの中にある「売上」フォルダー）から「.xlsx」形式のファイルが検索され❷、その名前が一覧表示されます❸。

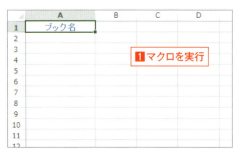

Hint! マクロ作りの方針

Dir関数を使用して、ファイル名の末尾に「.xlsx」が付くファイルを検索します。Do While～Loop構文を使用して、該当のファイルをすべて見つけるまでファイル検索を繰り返します。

コード

サンプル:5-35_ファイル列挙.xlsm

```
[1]  Sub ファイル列挙()
[2]      Dim 行番号 As Integer
[3]      Dim ファイル名 As String
[4]      ファイル名 = Dir("C:\データ\売上\*.xlsx")
[5]      行番号 = 2
[6] Ⓐ   Do While ファイル名 <> ""
[7]          Range("A" & 行番号).Value = ファイル名
[8]          ファイル名 = Dir()                        Ⓑ
[9]          行番号 = 行番号 + 1
[10]     Loop
[11] End Sub
```

[1] [ファイル列挙]マクロの開始。
[2] 整数型の変数[行番号]を用意する。入力先の行番号を表す変数。
[3] 文字列型の変数[ファイル名]を用意する。検索結果のファイル名を代入する変数。
[4] 「C:\データ\売上」フォルダーから「.xlsx」ファイルを検索し、最初に見つかったファイルの名前を変数[ファイル名]に代入する。
[5] 変数[行番号]に「2」を代入する。
[6] Do While～Loop構文の開始。変数[ファイル名]の値が空の文字列「""」でない間、処理を繰り返す。
[7] A列[行番号]行目のセルに変数[ファイル名]の値を入力する。
[8] 同じ条件でファイルを検索し、見つかったファイルの名前を変数[ファイル名]に代入する。
[9] 変数[行番号]に1を加える。
[10] Do While～Loop構文の終了。
[11] マクロの終了。

Hint! 環境に合わせてコードの修正が必要

コード[4]の「C:\データ\売上」の部分には、実行環境に応じたパスを入力してください。パスとは、フォルダーの場所を示す文字列のことで、ドライブ名やフォルダー名を階層構造に沿って「\」で区切って記述します。エクスプローラー（フォルダーの画面）でアドレスバーの無地の部分をクリックすると❶、そのフォルダーのパスを確認できます❷。

A Dir関数でファイルを検索する

Dir関数を使用すると、名前が引数［ファイルパス］に一致するファイルを検索し、見つかったファイルの名前を取得できます❶。見つからなかった場合は、空の文字列「""」が返されます。例えば、「Dir ("C:¥データ¥売上¥渋谷店.xlsx")」と記述すると、「C:¥データ¥売上」フォルダーに「渋谷店.xlsx」というファイルが存在する場合は「渋谷店.xlsx」、存在しない場合は「""」が返されます。

`Dir([ファイルパス])` ❶

コード［4］では引数に「C:¥データ¥売上¥*.xlsx」を指定したので、「C:¥データ¥売上」フォルダーから「*.xlsx」というファイル名のファイルが検索されます❷。「*.xlsx」の「*」（アスタリスク）は、0文字以上の任意の文字列を表すワイルドカードです。これにより、「.xlsx」という拡張子を持つ任意の名前のファイルが検索され、最初に見つかったファイルの名前が変数［ファイル名］に代入されます❸。

Dir関数は、引数［ファイルパス］を省略すると、前回と同じ条件で次のファイルを検索します。したがって、コード[8]ではコード[4]と同じ条件でファイルが検索され、見つかったファイルの名前が変数［ファイル名］に代入されます❹。見つからなかった場合は、変数［ファイル名］に「""」が代入されます。

[8]　　　　ファイル名 = Dir ()　────❹前回と同じ条件で検索

Dir関数を繰り返し使用すれば、「C:¥データ¥売上」フォルダーから「*.xlsx」というファイル名のすべてのファイルを1つずつ取得できます❺、❻。なお、取得の順序は指定できません。

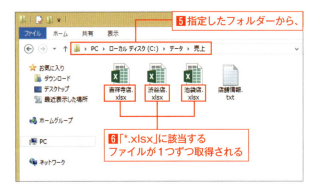

Hint! ワイルドカードの使用例

0文字以上の任意の文字列を表す「*」（アスタリスク）や任意の1文字を表す「?」（クエスチョンマーク）を使用すると、さまざまな条件のファイル名を指定できます。例えば、「???.xlsx」では「渋谷店.xlsx」と「池袋店.xlsx」が検索され、「????.*」では「吉祥寺店.xlsx」と「店舗情報.txt」が検索されます。

Hint! 拡張子の表示

拡張子は、ファイルの種類を表す記号です。通常のExcelブックなら「.xlsx」、マクロ有効ブックなら「.xlsm」と決められています。Windowsの初期設定では拡張子は表示されませんが、Windows 8ではエクスプローラーの［表示］タブの［ファイル名拡張子］にチェックを付けると❶、❷、表示できます❸。Windows 7/Vistaの場合は、［整理］→［フォルダーと検索のオプション］をクリックし、表示される設定画面の［表示］タブで［登録されている拡張子は表示しない］のチェックを外します。

●Windows 8の場合

B Do While～Loop構文を使用してすべてのファイルを検索する

条件に該当するすべてのファイルを検索するには、繰り返し処理を使用する必要があります。ただし、検索するファイルの数がわからないので、For～Next構文は使用できません。このようなときは、指定した条件が成立する限り繰り返し処理を続行するDo While～Loop構文を使用します❶。

コード［4］でファイルが見つかった場合、変数［ファイル名］にファイル名が代入されます。コード［6］の条件式の「ファイル名 <> ""」は、「変数［ファイル名］が空ではない場合」、つまり「ファイルが見つかった場合」という意味になります❷。

```
[6]     Do While ファイル名 <> ""
          :
          ❷ファイルが見つかった場合、処理を続行する
[10]    Loop
```

Do While～Loop構文の中で行う処理は3つです。見つかったファイルの名前をセルに入力し❸、次のファイルを検索し❹、次の入力先の行番号を求めます❺。今回のケースでは、次のページの表のように処理が進みます。

```
[6]     Do While ファイル名 <> ""
[7]         Range("A" & 行番号).Value = ファイル名    ❸
[8]         ファイル名 = Dir()                       ❹
[9]         行番号 = 行番号 + 1                      ❺
[10]    Loop
```

実行するコード		処理	変数[ファイル名]	変数[行番号]
コード[4]		ファイルを検索 → 見つかる	吉祥寺店.xlsx	
コード[5]		変数[行番号]に2を代入する	〃	2
1巡目	コード[6]	条件が成立するので繰り返し処理を続行	〃	〃
	コード[7]	セルA2に「吉祥寺店.xlsx」を入力	〃	〃
	コード[8]	ファイルを検索 → 見つかる	池袋店.xlsx	〃
	コード[9]	変数[行番号]に1を加える	〃	3
	コード[10]	コード[6]に戻る	〃	〃
2巡目	コード[6]	条件が成立するので繰り返し処理を続行	〃	〃
	コード[7]	セルA3に「池袋店.xlsx」を入力	〃	〃
	コード[8]	ファイルを検索 → 見つかる	渋谷店.xlsx	〃
	コード[9]	変数[行番号]に1を加える	〃	4
	コード[10]	コード[6]に戻る	〃	〃
3巡目	コード[6]	条件が成立するので繰り返し処理を続行	〃	〃
	コード[7]	セルA4に「渋谷店.xlsx」を入力	〃	〃
	コード[8]	ファイルを検索 → 見つからない	空の文字列「""」	〃
	コード[9]	変数[行番号]に1を加える	〃	5
	コード[10]	コード[6]に戻る	〃	〃
4巡目	コード[6]	条件が成立しないので繰り返し処理を終了	〃	〃
コード[11]		マクロを終了		

STEP UP マクロブックの保存場所を起点にフォルダーを指定する

マクロ［ファイル列挙］では検索先のフォルダーを「C:¥データ¥売上」に固定しましたが、ここではマクロブックが保存されているフォルダーを起点に検索先のフォルダーを指定する方法を紹介します。マクロブックが保存されているフォルダーのパスは、「ThisWorkbook.Path」で取得できます **1**。「ThisWorkbook」とは、現在動作しているマクロを含むブックのことです。

ここでは、マクロブックと同じフォルダーにある「売上」フォルダーを検索先としてみましょう❷、❸。修正箇所は、コード[4]の赤字部分のみです。

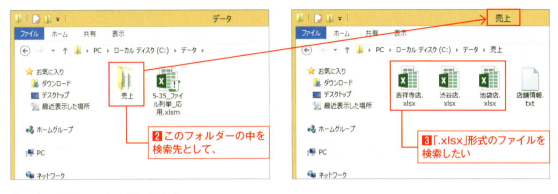

❷このフォルダーの中を検索先として、

❸「.xlsx」形式のファイルを検索したい

サンプル:5-35_ファイル列挙_応用.xlsm

```
[1] Sub ファイル列挙_応用()
[2]     Dim 行番号 As Integer
[3]     Dim ファイル名 As String
[4]     ファイル名 = Dir(ThisWorkbook.Path & "¥売上¥*.xlsx")
[5]     行番号 = 2
[6]     Do While ファイル名 <> ""
[7]         Range("A" & 行番号).Value = ファイル名
[8]         ファイル名 = Dir()
[9]         行番号 = 行番号 + 1
[10]    Loop
[11]End Sub
```

❹マクロブックと同じフォルダーにある「売上」フォルダーから「*.xlsx」ファイルを検索

マクロブックの保存場所を「ThisWorkbook.Path」で自動取得するので、マクロブックをどのフォルダーに保存してもかまいません。マクロブックと同じ場所に「売上」フォルダーを作成し、その中に列挙したいブックを保存しておけば、マクロの実行が可能です❶、❷。

❶ここの場所にかかわらず、

❷この2つが同じフォルダーにあればマクロを実行できる

CHAPTER 5-36 フォルダー内のブックを1つのブックにまとめる

ブックの統合

「売上」フォルダーにどんなブックがあるか、検索する方法は理解できた?

はい。次のステップは、検索で見つかったブックを開いて、シートをコピーする処理ですね。

ええ。Do While~Loop構文とDir関数を使用して、ブックの検索を繰り返す処理の骨格はそのまま使えるわ。あとは、ナビオ君の言ったとおり、繰り返し処理の中に「ブックを開く」「シートをコピー」「開いたブックを閉じる」という処理を追加すればいいのよ。

マクロの動作

マクロを実行すると、「C:¥データ¥売上」フォルダー内から「.xlsx」形式のファイルが検索され①、そのワークシートがマクロブックにコピーされます②。

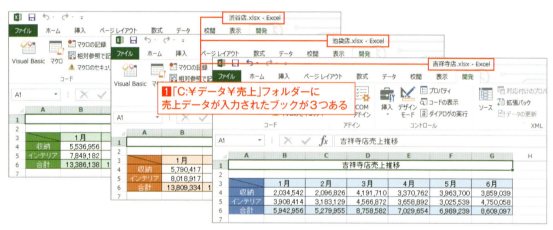

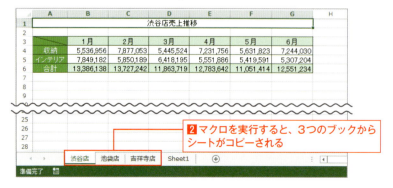

マクロ作りの方針

CHAPTER 5-35と同様に、フォルダー内から「.xlsx」ファイルを検索します。見つかったファイルを開き、ワークシートをマクロブックにコピーする作業を繰り返します。

コード

サンプル:5-36_ブック統合.xlsm

```
[1]  Sub ブック統合()
[2]      Dim ファイル名 As String
[3]      ファイル名 = Dir ("C:\データ\売上\*.xlsx")
[4]      Do While ファイル名 <> ""
[5]          Workbooks.Open "C:\データ\売上\" & ファイル名         ──B
[6]          Workbooks(ファイル名).Worksheets(1).Copy Before:=ThisWorkbook.Worksheets(1)  ──C
[7]          ThisWorkbook.Worksheets(1).Name = Replace(ファイル名, ".xlsx", "")  ──D
[8]          Workbooks(ファイル名).Close False     ──E
[9]          ファイル名 = Dir ()
[10]     Loop
[11] End Sub
```

[1] [ブック統合]マクロの開始。
[2] 文字列型の変数[ファイル名]を用意する。検索結果のファイル名を代入する変数。
[3] 「C:\データ\売上」フォルダーから「.xlsx」ファイルを検索し、最初に見つかったファイルの名前を変数[ファイル名]に代入する。
[4] Do While～Loop構文の開始。変数[ファイル名]の値が空の文字列""でない間、処理を繰り返す。
[5] 「C:\データ\売上」フォルダーから名前が[ファイル名]のブックを開く。
[6] 変数[ファイル名]の値を名前とするブックの1番目のワークシートをこのマクロブックの先頭の位置にコピーする。
[7] このマクロブックの先頭のワークシートの名前として、変数[ファイル名]の値から「.xlsx」を除去した値を設定する。
[8] 変数[ファイル名]の値を名前とするブックを保存せずに閉じる。
[9] 同じ条件でファイルを検索し、見つかったファイルの名前を変数[ファイル名]に代入する。
[10] Do While～Loop構文の終了。
[11] マクロの終了。

環境に合わせてコードの修正が必要

コード[3]の「C:\データ\売上」の部分には、実行環境に応じたパスを入力してください。

A フォルダー内の「.xlsx」ファイルを漏れなく検索する

フォルダー内のファイルを検索する方法は、CHAPTER 5-35で紹介したマクロと同じです。まず、ファイルを検索し①、見つかった場合は繰り返し処理に入ります②。

繰り返し処理の中で次のファイルを検索し③、ファイルが見つかった場合は繰り返し処理を続行します。ファイルが見つからなかった場合は、繰り返し処理を終了します。

```
[3]     ファイル名 = Dir ("C:¥データ¥売上¥*.xlsx")     ①
[4]     Do While ファイル名 <> ""                    ②
            :
[9]         ファイル名 = Dir ()                      ③
[10]    Loop
```

Dir関数を使用するごとに、「C:¥データ¥売上」フォルダーから「*.xlsx」に該当するファイルが1つずつ取得され④、⑤、変数[ファイル名]に「吉祥寺店.xlsx」などの文字が代入されます。

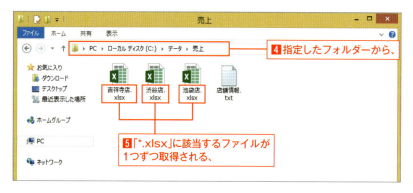

④指定したフォルダーから、

⑤「*.xlsx」に該当するファイルが1つずつ取得される、

B 検索結果のブックを開く

ブックを開くには、WorkbooksコレクションのOpenメソッドを使用します。引数FileNameにブックの保存場所と名前を指定すると、ブックを開くことができます①。

ほかにも省略可能な引数を複数持ちますが、パスワードやリンクなどの設定のない一般的なブックであれば、引数FileNameの指定だけでOKです。

Workbooksコレクション.Open (FileName) ①

ここでは、「C:¥データ¥売上」フォルダーから名前が変数[ファイル名]の値に等しいファイルを開きます②。つまり、Dir関数で検索して見つかったファイルが開かれます。

```
[5]     Workbooks.Open "C:¥データ¥売上¥" & ファイル名
```

②検索結果のファイルを開く

検索結果のブックを開くと、マクロブックと検索結果のブックの2つのブックが開いている状態になります。マクロブックは「ThisWorkbook」、検索結果のブックは「Workbooks（ファイル名）」で表せます❸、❹。コード[6]では、「Workbooks（ファイル名）」のシートを「ThisWorkbook」にコピーします❺。

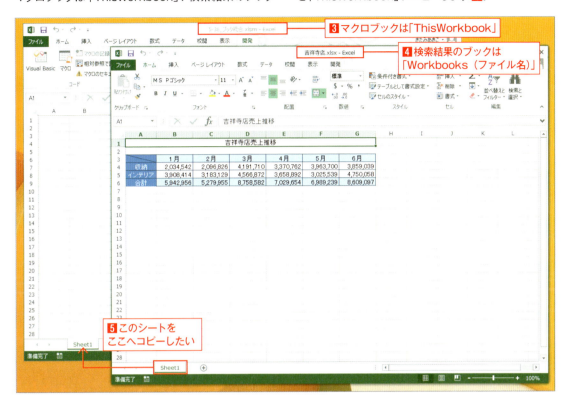

C 開いたブックのワークシートをマクロブックにコピーする

ワークシートをコピーするには、Worksheetオブジェクトの Copy メソッドを使用します❶。引数Beforeまたは引数Afterで、コピー先のワークシートを指定します。引数Beforeを指定した場合は指定したワークシートの前（左）に、引数Afterを指定した場合は指定したワークシートの後ろ（右）にコピーされます。両方を省略した場合は、新規ブックが作成されて、そこにワークシートがコピーされます。

```
Worksheetオブジェクト.Copy([Before], [After])
```
❶ワークシートをコピーする

ここでは、変数［ファイル名］の値を名前とするブック（検索結果のブック）の1番目のワークシートを❷、マクロブック（ThisWorkbook）の1番目のワークシートの前（左）にコピーします❸。

[6]　　　Workbooks(ファイル名).Worksheets(1).Copy Before:=ThisWorkbook.Worksheets(1)

❷検索結果のブックのワークシートを、　　❸マクロブックにコピーする

なお、コピーするワークシートは、マクロブックに最初からあるワークシートの名前と同じ「Sheet1」なので、名前が重複しないようにコピー後に「Sheet1（2）」という名前に変わります 4、5。

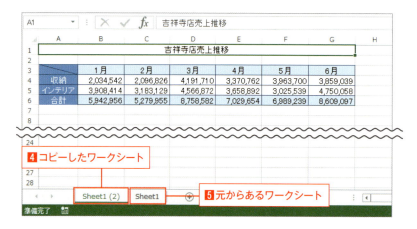

D コピーしたワークシートの名前を設定する

どのブックからコピーしたワークシートなのかがわかるように、コピーしたワークシートの名前を設定しましょう。変数［ファイル名］には「吉祥寺店.xlsx」のような文字列が代入されていますが、このうち拡張子の「.xlsx」を取り除いた「吉祥寺店」をシート名にすることにします。文字列から特定の文字を取り除くには、Replace関数を使用します 1。この関数は［文字列］の中の［検索文字列］を［置換文字列］で置換する働きをします。

Replace（文字列，検索文字列，置換文字列） 1

各引数の内容は以下のとおりです。なお、ほかにも省略可能な引数がありますが、ここでは使用しません。

- 文字列   ： 元も文字列を指定。
- 検索文字列 ： 検索する文字列を指定。
- 置換文字列 ： 置換する文字列を指定。

Replace関数の引数［置換文字列］に空の文字列「""」を指定すると、［文字列］の中の［検索文字列］を削除できます 3。

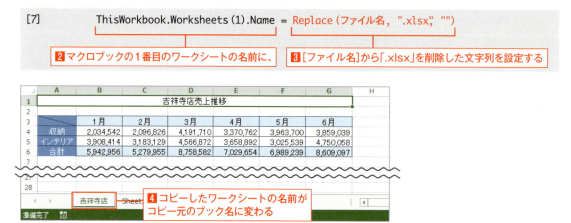

E 検索結果のワークシートを閉じる

次のファイルを検索する前に、開いたブックを閉じます。WorkbookオブジェクトのCloseメソッドを使用すると、引数で指定した条件でブックを閉じます①。ここでは、引数SaveChangesにFalseを設定して、ブックの変更を保存せずに閉じます②。

```
Workbookオブジェクト.Close([SaveChanges], [FileName])   ①
```

引数SaveChangesの設定値

設定値	説明
True	引数FileNameで指定した名前でブックを保存して閉じる。引数FileNameを省略した場合、既存のブックは上書き保存され、新規ブックには[名前を付けて保存]ダイアログボックスが表示される
False	変更を保存せずに閉じる
省略	ブックに変更があった場合、保存確認のメッセージが表示される

[8]　　　　Workbooks(ファイル名).Close False ── ②ブックを保存せずに閉じる

Hint! ブックの変更の保存

Closeメソッドの引数をすべて省略すると、ブックに変更がなければそのまま閉じますが、変更があった場合は保存確認のメッセージが表示されます。今回のマクロでは開いたブックに手を加えていませんが、例えばブックにTODAY関数（本日の日付を表示するワークシート関数）など、開いただけで自動更新される関数が含まれている場合、保存確認のメッセージが表示されてしまいます。そこで、コード[8]では引数SaveChangesにFalseを設定して、保存確認のメッセージが表示されないようにしました。

Hint! 画面のちらつきを防ぐ

マクロ［ブック統合］では、複数のブックを開いたり閉じたりしてブックが頻繁に切り替わるので、マクロの実行中に画面がちらつきます。ちらつきを防ぐには、ApplicationオブジェクトのScreenUpdatingプロパティを使用します。Falseを設定すると、マクロの実行中に画面が更新されなくなります①。また、更新が止まる分、マクロの処理速度も上がります。ScreenUpdatingプロパティをTrueに戻すと、画面が更新されます②。

```
Application.ScreenUpdating = False
```
── ①このコードをコード[2]と[3]の間に入れて、画面の更新を止める

```
Application.ScreenUpdating = True
```
── ②このコードをコード[10]と[11]の間に入れて、画面の更新を行う設定に戻す

STEP UP マクロブックではなく新規ブックに統合する

マクロ［ブック統合］ではフォルダー内のブックのワークシートをマクロブックに統合しましたが、ここでは新規ブックに統合してみましょう。統合先のブックを変数で指定できるように、Workbook型の変数［統合ブック］を用意します。最初のワークシートのコピー先は新規ブックとし、その新規ブックを変数［統合ブック］に代入します。2回目以降のコピー先は［統合ブック］とします。赤字部分が、マクロ［ブック統合］からの変更箇所です。

サンプル:5-36_ブック統合_応用.xlsm

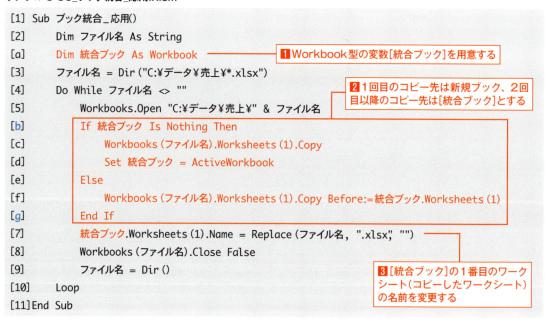

```
[1]  Sub ブック統合_応用()
[2]      Dim ファイル名 As String
[a]      Dim 統合ブック As Workbook
[3]      ファイル名 = Dir("C:\データ\売上\*.xlsx")
[4]      Do While ファイル名 <> ""
[5]          Workbooks.Open "C:\データ\売上\" & ファイル名
[b]          If 統合ブック Is Nothing Then
[c]              Workbooks(ファイル名).Worksheets(1).Copy
[d]              Set 統合ブック = ActiveWorkbook
[e]          Else
[f]              Workbooks(ファイル名).Worksheets(1).Copy Before:=統合ブック.Worksheets(1)
[g]          End If
[7]          統合ブック.Worksheets(1).Name = Replace(ファイル名, ".xlsx", "")
[8]          Workbooks(ファイル名).Close False
[9]          ファイル名 = Dir()
[10]     Loop
[11] End Sub
```

❶ Workbook型の変数［統合ブック］を用意する
❷ 1回目のコピー先は新規ブック、2回目以降のコピー先は［統合ブック］とする
❸［統合ブック］の1番目のワークシート（コピーしたワークシート）の名前を変更する

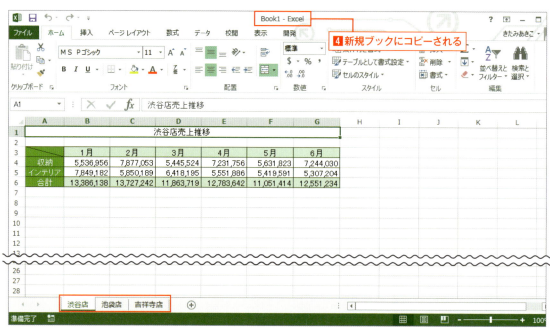

❹ 新規ブックにコピーされる

マクロ［ブック統合］では、検索結果のブックのワークシートを一律にマクロブックにコピーしました。それに対して今回のマクロでは、1回目のコピーのコピー先は新規ブック、2回目以降のコピーのコピー先は1回目のコピー時に作成したブック（［統合ブック］）となります。

1回目のコピーかどうかは、変数［統合ブック］の状態で判断します。何も代入されていなければ1回目のコピーと見なし、ワークシートを新規ブックにコピーし、その新規ブックを変数［統合ブック］に代入します。代入済みであれば、2回目以降のコピーと見なし、ワークシートを［統合ブック］にコピーします。

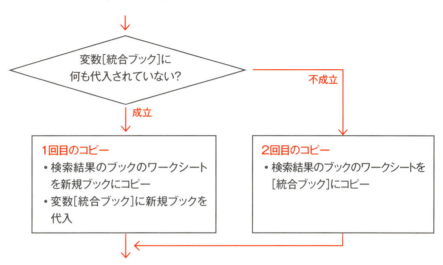

コード［b］〜［g］をもう少し詳しく見ていきましょう。オブジェクト変数に何も代入されていないことを判定するには、「オブジェクト変数 Is Nothing」という条件式を使用します 5 。「＝」ではなく、「Is」を使用することに注意してください。「Nothing」は「何も参照していない」という意味です

[b] 　　　　　If 統合ブック Is Nothing Then

5 変数［統合ブック］に何も代入されていないかどうかを判定

1回目のコピーでワークシートを新規ブックにコピーするのは簡単です。WorksheetオブジェクトのCopyメソッドで、引数を何も指定しなければ、コピー先は新規ブックになります 6 。

[c] 　　　　　Workbooks(ファイル名).Worksheets(1).Copy

6 検索結果の1番目のワークシートを新規ブックにコピーする

1回目のコピー後、コピー先の新規ブックがアクティブブックになります。アクティブブックを変数［統合ブック］に代入すれば、今後、変数［統合ブック］でコピー先のブックを指定できるようになります。オブジェクト変数の代入は、文字や数値の変数とは異なり、先頭に「Set」を付ける必要があります 7 。

[d] 　　　　　Set 統合ブック = ActiveWorkbook

7 変数［統合ブック］にアクティブブックを代入する

CHAPTER 5-37 CSVファイルのデータを整形してブックとして保存する

ブックの保存

> 「CSVファイル」の形式でデータを送信してくる人がいるんですけど、ハッキリ言って迷惑ですよね。こちらでExcelのブック形式に変換しなきゃいけないわけですから。

> 迷惑だなんて言っちゃダメ。CSVファイルはデータの受け渡し用として一般的よ。ファイルサイズが小さいからメールで送信しやすいし、相手がExcelを持っていなくてもほかのソフトでデータを確認できるからね。

> なるほど、CSVファイルにそんなメリットがあったんですね。だったら、CSVファイルをブックに変換するマクロ作りにトライしてみます!

マクロの動作

マクロを実行すると、[ファイルを開く]ダイアログボックスが表示されます。そこで指定したCSVファイルが開き、色や罫線が設定され、ブックとして保存されます。

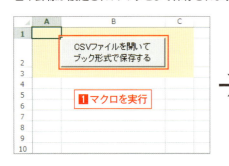

Hint! マクロ作りの方針

GetOpenFilenameメソッドを使用して、[ファイルを開く]ダイアログボックスを表示し、CSVファイルを開きます。SaveAsメソッドを使用して、ファイルを保存します。

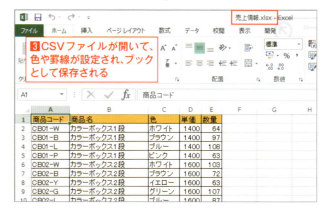

CSVファイルとは

CSV（Comma Separated Values）ファイルとは、データがカンマで区切られたテキストファイルのことです。さまざまなソフトウェアに対応しているので、異なるソフトウェア間でデータを受け渡しする際によく利用されます。右図は、CSVファイルをメモ帳で開いた図です。

データがカンマで区切られている

コード

サンプル:5-37_ファイル変換.xlsm

```
[1]  Sub CSVファイル変換()
[2]      Dim 読込ファイル As String
[3]      Dim 保存ファイル As String
[4]      読込ファイル = Application.GetOpenFilename("CSVファイル,*.CSV")           A
[5]      保存ファイル = Replace(読込ファイル, ".csv", ".xlsx")                     B
[6]      Workbooks.Open 読込ファイル                                              C
[7]      Range("A1").CurrentRegion.Borders.LineStyle = xlContinuous
[8]      Range("A1").CurrentRegion.Rows(1).Interior.ThemeColor = xlThemeColorAccent4  D
[9]      Range("A1").CurrentRegion.Columns.AutoFit
[10]     ActiveWorkbook.SaveAs 保存ファイル, xlOpenXMLWorkbook                    E
[11] End Sub
```

[1] ［ファイル変換］マクロの開始。
[2] 文字列型の変数［読込ファイル］を用意する。読込用のファイル名を代入する変数。
[3] 文字列型の変数［保存ファイル］を用意する。保存先のファイル名を代入する変数。
[4] ［ファイルを開く］ダイアログボックスを表示し、指定されたファイルのパス付ファイル名を変数［読込ファイル］に代入する。
[5] 変数［保存ファイル］に、変数［読込ファイル］の値の「.csv」を「.xlsx」に置き換えた文字列を代入する。
[6] ［読込ファイル］を開く。
[7] セルA1を含む表に格子罫線を設定する。
[8] セルA1を含む表の1行目に［アクセント4］の色を設定する。
[9] セルA1を含む表の列の幅を自動調整する。
[10] アクティブブックを［保存ファイル］の名前でExcelブック形式で保存する。
[11] マクロの終了。

A [ファイルを開く]ダイアログボックスを表示する

GetOpenFilenameメソッドを使用すると、[ファイルを開く]ダイアログボックスを表示して、ユーザーが選択したファイルのパス付ファイル名を取得できます❶。省略可能な引数がほかにもありますが、ここでは使用しません。

```
Application.GetOpenFilename([FileFilter])
```
❶

引数FileFilterには、[ファイルを開く]ダイアログボックスに表示するファイルの種類を、「説明の文字列,拡張子」のペアで指定します。コード[4]では、「"CSVファイル,*.CSV"」と指定したので❷、ダイアログボックスに表示されるファイルはCSVファイルだけになります❸。

```
[4]    読込ファイル = Application.GetOpenFilename("CSVファイル,*.CSV")
```
❷

❸CSVファイルだけが表示される

Hint! 引数FileFilter

引数FileFilterには、「"ブック,*.xlsx;*.xlsm"」のように、複数の拡張子を「;」で区切って指定できます。引数FileFilterを省略すると、[ファイルを開く]ダイアログボックスにすべてのファイルの種類が表示されます。

GetOpenFilenameメソッドでは、[ファイルを開く]ダイアログボックスで指定されたファイルが自動的に開かれるわけではありません。指定されたファイルのパス付ファイル名が返されるだけなので注意してください。例えば、ダイアログボックスで「C:¥データ」フォルダーにある「売上情報.csv」ファイルを指定した場合、戻り値は「C:¥データ¥売上情報.csv」という文字列になります❹。コード[4]では、この戻り値を変数[読込ファイル]に代入しました。

❹戻り値は「C:¥データ¥売上情報.csv」

B 保存ファイルのパス付ファイル名を作成する

コード[5]では、Replace関数を使用して、保存するファイル名の文字列を作成しています。Replace関数は、[文字列]の中の[検索文字列]を[置換文字列]で置換する働きをします❶。ここでは、変数[読込ファイル]に代入されている文字列の中の「.csv」を「.xlsx」に置き換えて、変数[保存ファイル]に代入しました❷、❸。

Replace(文字列, 検索文字列, 置換文字列) ❶

[5]　　　保存ファイル = Replace(読込ファイル, ".csv", ".xlsx") ❷

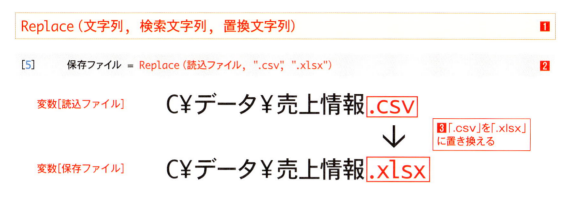

C CSVファイルを開く

CSVファイルを開くには、ブックを開くときと同様に、WorkbooksコレクションのOpenメソッドを使用します❶。引数FileNameに変数[読込ファイル]を指定すると、指定したCSVファイルが開きます❷、❸。

Workbooksコレクション.Open(FileName) ❶

[6]　　　Workbooks.Open 読込ファイル ❷

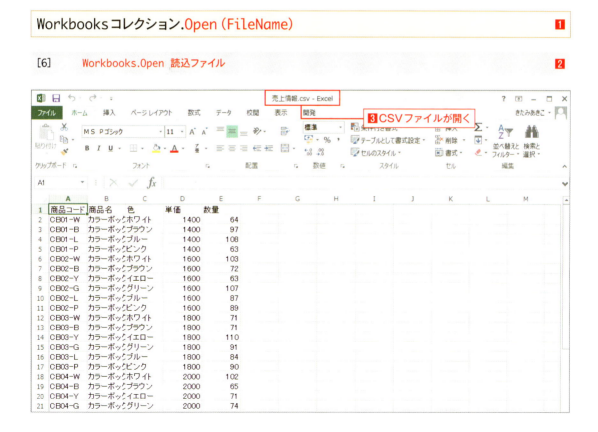

D 開いた表を整形する

コード[7]〜[9]では、開いたCSVファイルの表を整形しています。「Range("A1").CurrentRegion」で表全体のセル範囲を取得して格子罫線を設定し❶、「Range("A1").CurrentRegion.Rows(1)」で表の1行目を取得して色を設定し❷、「Range("A1").CurrentRegion.Columns」で表の全列を取得して列幅を自動調整します❸。開いた直後のCSVファイルは各セルにデータが入力されているだけの状態ですが、コード[7]〜[9]の実行後、見栄えが整います❹〜❻。

```
[7]     Range("A1").CurrentRegion.Borders.LineStyle = xlContinuous    ❶
[8]     Range("A1").CurrentRegion.Rows(1).Interior.ThemeColor = xlThemeColorAccent4    ❷
[9]     Range("A1").CurrentRegion.Columns.AutoFit    ❸
```

Hint! Excel 2010/2007では設定される色が違う

Excel 2013とExcel 2010/2007では、テーマの色が異なります。「xlThemeColorAccent4」の色は、Excel 2013ではゴールド、Excel 2010/2007では紫です。

E ファイルをブック形式で保存する

ファイルを保存するには、WorkbookオブジェクトのSaveAsメソッドを使用します❶。引数FileNameにパス付のファイル名、引数FileFormatにファイル形式を指定します。引数FileFormatを省略すると、元のファイル形式で保存されます。引数FileFormatの設定値は、240ページを参照してください。

```
Workbookオブジェクト.SaveAs(FileName, [FileFormat])    ❶
```

ここでは、引数FileFormatに「xlOpenXMLWorkbook」を指定して、Excelブック形式で保存します❷。このコードを実行すると、元のCSVファイルと同じフォルダーに、Excelブック形式のファイルが保存されます❸。

```
[10]    ActiveWorkbook.SaveAs 保存ファイル, xlOpenXMLWorkbook    ❷
```

Hint! ファイル操作のトラブルに対処する

ファイル操作を行うマクロでは、さまざまな実行時エラーが発生する可能性があります。今回のマクロの場合、[ファイルを開く] ダイアログボックスで [キャンセル] ボタンがクリックされると、「False.xlsx が見つかりません。」と書かれたエラーメッセージが表示されます❶。[終了] ボタンをクリックすると、マクロを終了できます❷。

GetOpenFilename メソッドでは、[キャンセル] ボタンがクリックされたときの戻り値が「False」になります。そこで、コード [4] の次に以下の3行（コード [a]～[c]）を記述すると、[キャンセル] ボタンがクリックされたときにエラーメッセージが表示されることなくスムーズにマクロを終了できます❸。変数 [読込ファイル] が文字列型なので、「読込ファイル = "False"」のように「False」を「"」で囲んでください。「Exit Sub」は、マクロの実行を途中で中止する構文です。

```
[4]     読込ファイル = Application.GetOpenFilename("CSVファイル,*.CSV")
[a]     If 読込ファイル = "False" Then
[b]         Exit Sub
[c]     End If
```

❸戻り値が「False」の場合に、マクロの実行を中止する

また、ファイルを保存する際に、保存先に同名のファイルが存在する場合に、ファイルを置き換えるかどうかを選択するメッセージ画面が表示されます❹。この画面で [いいえ] ボタンや [キャンセル] ボタンがクリックされると❺、実行時エラーになってしまいます。

実行時エラーを避けるには、162ページで紹介した Dir 関数を使用して、変数 [保存ファイル] の値と同じファイルが存在するかどうかを調べ❻、存在しない場合にだけファイルを保存します❼。存在する場合は、手動で保存するように促します❽。

```
[d]     If Dir(保存ファイル) = "" Then                                      ❻
[10]        ActiveWorkbook.SaveAs 保存ファイル, xlOpenXMLWorkbook           ❼
[e]     Else
[f]         MsgBox "同名のファイルがあるので、保存できません。手動で保存してください。"  ❽
[g]     End If
```

なお、同名のファイルがある場合に、強制的に上書き保存してもよい場合は、コード [10] の前に「Application.DisplayAlerts = False」と記述すれば、❹のメッセージが表示されることなく上書き保存できます。

COLUMN

ヘルプの参照

プロパティやメソッドの正確な構文を知りたいときは、ヘルプを利用しましょう。
引数の意味や設定値の種類などを詳しく調べることができます。

VBAのキーワードを調べる

1 調べたいキーワードをクリックしてカーソルを移動し**1**、F1キーを押します**2**。

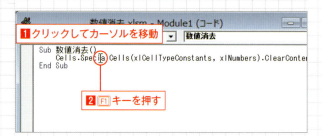

2 Excel 2013ではブラウザー、Excel 2010/2007ではヘルプ画面が開き、手順1でクリックしたキーワードに関する説明が表示されます**3**。引数の解説にリンクがある場合は、それをクリックすると、その引数に関するさらに詳しい情報が得られます**4**。

CHAPTER 6 定型処理でラクしよう

- 6-38 納品書のデータを一覧表に転記する
  ［伝票データの保存］
- 6-39 名簿から宛名を差し込み印刷する
  ［差し込み印刷］
- 6-40 選択したセル範囲に矢印を引く
  ［図形の作成］
- 6-41 1カ月分の日程表を作成する
  ［日付の操作］
- 6-42 入力用の部品を使ってを効率よく入力する
  ［コントロール］

COLUMN VBEの環境設定

CHAPTER 6-38 納品書のデータを一覧表に転記する

伝票データの保存

 ここからは、定型的な業務に役立ちそうなマクロをいくつか紹介していくわね。まずは、納品書のデータを一覧表に転記するマクロを作ってみましょう。

マクロの動作

[納品書]シートにデータを入力してマクロを実行すると❶、入力したデータが[一覧表]シートの最下行に転記されます❷。[納品書]シートは、次の入力に備えてデータが消去されます。

❶[納品書]シートにデータを入力してマクロを実行

❷[一覧表]シートの最下行にデータが転記される

マクロ作りの方針

For〜Next構文を使用して、[納品書]シートの明細欄の1行目から10行目までを1行ずつチェックします。A列に「品番」が入力されている場合、その行のデータを[一覧表]シートにコピーします。

コード

サンプル:6-38_伝票転記.xlsm

```
[1]  Sub 伝票転記()
[2]      Dim 最終行 As Long
[3]      Dim i As Integer
[4]      最終行 = Worksheets("一覧表").Range("A1").CurrentRegion.Rows.Count      ─A
[5]      For i = 1 To 10
[6]          If Range("A" & i + 11).Value <> "" Then
[7]              Range("F3").Copy Worksheets("一覧表").Range("A" & 最終行 + i)
[8]              Range("F4").Copy Worksheets("一覧表").Range("B" & 最終行 + i)
[9]              Range("A3").Copy Worksheets("一覧表").Range("C" & 最終行 + i)   ─B
[10]             Range("A" & i + 11).Resize(1, 6) .Copy _
                     Worksheets("一覧表").Range("D" & 最終行 + i)
[11]         End If
[12]     Next
[13]     Range("F3:F4,A3,A12:E21").ClearContents      ─C
[14] End Sub
```

[1] ［伝票転記］マクロの開始。
[2] 長整数型の変数［最終行］を用意する。［一覧表］シートの最終行の行番号を代入する変数。
[3] 整数型の変数iを用意する。明細行を数えるカウンター変数。
[4] 変数［最終行］に、［一覧表］シートのセルA1を含む表の行数を代入する。
[5] For～Next構文の開始。変数iが1から10になるまで繰り返す。
[6] If構文の開始。A列『i + 11』行目のセルの値が「""」に等しくない場合、
[7] セルF3を［一覧表］シートのA列『［最終行］+i』行目にコピーする。
[8] セルF4を［一覧表］シートのB列『［最終行］+i』行目にコピーする。
[9] セルA3を［一覧表］シートのC列『［最終行］+i』行目にコピーする。
[10]A列『i + 11』行から1行6列分のセル範囲を、［一覧表］シートのD列『［最終行］+i』行目にコピーする。
[11]If構文の終了。
[12]For～Next構文の終了。
[13]セルF3～F4、A3、A12～E21のデータを消去する。
[14]マクロの終了。

A 一覧表の最終行の行番号を求める

[一覧表]シートの表はセルA1から始まります。したがって、CurrentRegionプロパティでセルA1を含む表のセル範囲を求め、さらにその行数を求めれば、最終行の行番号がわかります❶。下図の例では、表全体の行数は4行で、最終行の行番号は「4」となります❷。

```
[4]     最終行 = Worksheets("一覧表").Range("A1").CurrentRegion.Rows.Count     ❶
```

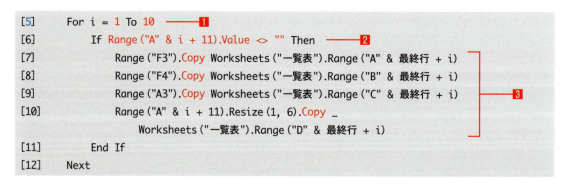

B 明細行を1行ずつ転記する

コード[5]のFor~Next構文では、見積書の明細行の数だけ処理を繰り返します❶。繰り返し処理の中では、見積書のA列「i + 11」行目のセルが未入力でない場合(「""」でない場合)に❷、転記処理を実行します❸。

```
[5]     For i = 1 To 10    ❶
[6]         If Range("A" & i + 11).Value <> "" Then    ❷
[7]             Range("F3").Copy Worksheets("一覧表").Range("A" & 最終行 + i)
[8]             Range("F4").Copy Worksheets("一覧表").Range("B" & 最終行 + i)
[9]             Range("A3").Copy Worksheets("一覧表").Range("C" & 最終行 + i)
[10]            Range("A" & i + 11).Resize(1, 6).Copy _
                    Worksheets("一覧表").Range("D" & 最終行 + i)    ❸
[11]        End If
[12]    Next
```

例えば、「i = 1（i +11 = 12）」のとき、「No」「日付」「氏名」と明細行の1行目（行番号12）のデータが 、[一覧表]
シートの「[最終行] +i」行目（最終行の1つ下の行）にコピーされます 5。

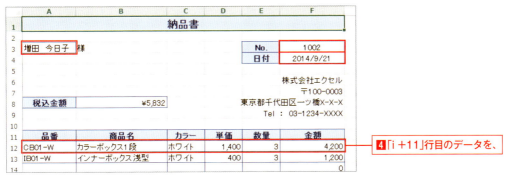

C 納品書をクリアする

最後に、転記済みのデータ（セルF3～F4、A3、A12～E21のデータ）を消去します 1。

[13]　　Range("F3:F4,A3,A12:E21").ClearContents

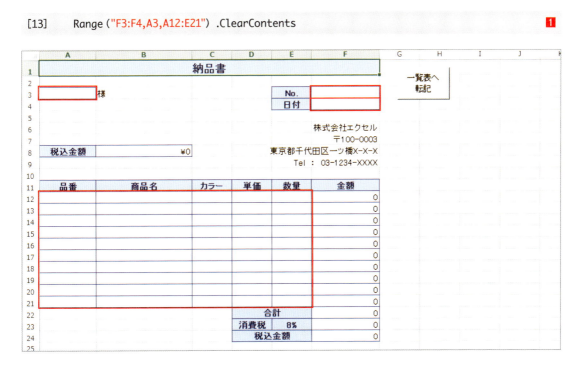

CHAPTER 6-39 名簿から宛名を差し込み印刷する

差し込み印刷

名簿のデータを書類の宛名欄に差し込んで印刷してみましょう。差し込むデータを指定する機能も付けると便利ね。書類送付状やFAX送付状などにも応用できるわよ。

マクロの動作

マクロを実行すると、[名簿]シートの[印刷]欄に「要」が入力されたデータが1件ずつ順に取り出され **1**、[書類]シートの宛名欄に差し込まれて印刷されます **2**。

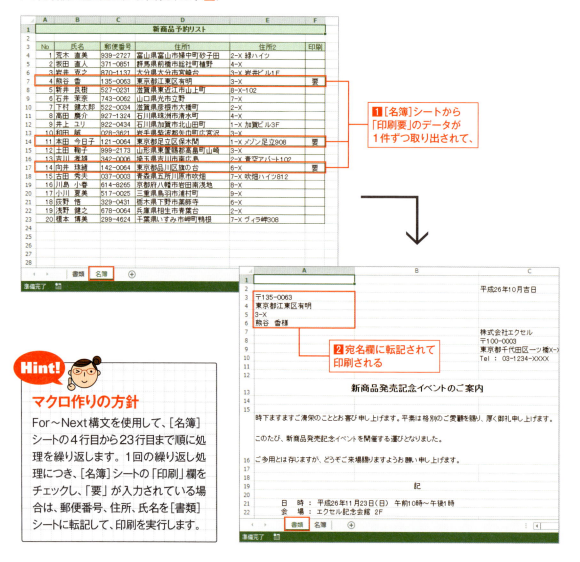

1 [名簿]シートから「印刷要」のデータが1件ずつ取り出されて、

2 宛名欄に転記されて印刷される

Hint! マクロ作りの方針

For～Next構文を使用して、[名簿]シートの4行目から23行目まで順に処理を繰り返します。1回の繰り返し処理につき、[名簿]シートの「印刷」欄をチェックし、「要」が入力されている場合は、郵便番号、住所、氏名を[書類]シートに転記して、印刷を実行します。

コード

サンプル:6-39_差し込み印刷.xlsm

```
[1]  Sub 差し込み印刷()
[2]      Dim i As Integer
[3]      For i = 4 To 23
[4]          If Worksheets("名簿").Range("F" & i).Value = "要" Then
[5]              With Worksheets("書類")
[6]                  .Range("A3").Value = "〒" & Worksheets("名簿").Range("C" & i).Value
[7]                  .Range("A4").Value = Worksheets("名簿").Range("D" & i).Value
[8]                  .Range("A5").Value = Worksheets("名簿").Range("E" & i).Value
[9]                  .Range("A6").Value = Worksheets("名簿").Range("B" & i).Value & "様"
[10]                 .PrintOut
[11]             End With
[12]         End If
[13]     Next
[14] End Sub
```

[1] ［差し込み印刷］マクロの開始。
[2] 整数型の変数iを用意する。行番号を数えるカウンター変数。
[3] For〜Next構文の開始。変数iが4から23になるまで繰り返す。
[4] If構文の開始。［名簿］シートのF列i行目のセルの値が「要」に等しい場合、
[5] With構文の開始。［書類］シートについて、以下の処理を実行する。
[6] セルA3に、［名簿］シートのC列i行目の値を、先頭に「〒」を付けて入力する。
[7] セルA4に、［名簿］シートのD列i行目の値を入力する。
[8] セルA5に、［名簿］シートのE列i行目の値を入力する。
[9] セルA6に、［名簿］シートのB列i行目の値を、末尾に「様」を付けて入力する。
[10] 印刷を実行する。
[11] With構文の終了。
[12] If構文の終了。
[13] For〜Next構文の終了。
[14] マクロの終了。

A 「印刷要」かどうか、1行ずつチェックを繰り返す

For～Next構文を使用して、[名簿]シートの4行目から23行目までを1行ずつチェックします❶。If構文を使用して、F列の値が「要」に等しいかどうかを調べ❷、等しいときにだけ処理を実行します。

```
[3]      For i = 4 To 23          ——❶
[4]          If Worksheets("名簿").Range("F" & i).Value = "要" Then
                  :
[12]         End If
[13]     Next
```

❷F列i行目のセルの値が「要」に等しいかどうかをチェック

B 「印刷要」の人の宛名データを転記する

コード[5]～[11]は、F列に「要」が入力されている場合に実行される処理です。79ページで紹介したWith構文を使用して、「Worksheets("書類")」の記述を省略しています❶。

```
[5]       With Worksheets("書類")        ——❶
[6]           .Range("A3").Value = "〒" & Worksheets("名簿").Range("C" & i).Value
[7]           .Range("A4").Value = Worksheets("名簿").Range("D" & i).Value
[8]           .Range("A5").Value = Worksheets("名簿").Range("E" & i).Value
[9]           .Range("A6").Value = Worksheets("名簿").Range("B" & i).Value & "様"
[10]          .PrintOut
[11]      End With
```

省略せずに記述すると、以下のようになります。コード[6]～[9]では、[名簿]シートのセルの値を[書類]シートに転記しています❷。

```
[6]    Worksheets("書類").Range("A3").Value = "〒" & Worksheets("名簿").Range("C" & i).Value
[7]    Worksheets("書類").Range("A4").Value = Worksheets("名簿").Range("D" & i).Value
[8]    Worksheets("書類").Range("A5").Value = Worksheets("名簿").Range("E" & i).Value
[9]    Worksheets("書類").Range("A6").Value = Worksheets("名簿").Range("B" & i).Value & "様"
[10]   Worksheets("書類").PrintOut
```

C 印刷を実行する

印刷を実行するには、PrintOutメソッドを使用します❶。オブジェクトには、Worksheetオブジェクト（ワークシートを印刷）、Workbookオブジェクト（すべてのワークシートを印刷）、Rangeオブジェクト（指定したセル範囲を印刷）などを指定できます。引数をすべて省略した場合、1ページから最終ページまでが1部ずつ印刷されます。

> オブジェクト.PrintOut ([From:=開始ページ], [To:=終了ページ], [Copies:=印刷部数])　❶

コード[10]では、[書類]シートを印刷しました❷。マクロを実行すると、「印刷」欄に「要」と入力された人の分だけ、[書類]シートが印刷されます❸。

```
[10]    Worksheets("書類").PrintOut                                    ❷
```

❸[書類]シートが印刷される

Hint! マクロが完成するまでは印刷プレビューを実行する

マクロが完成するまでには、繰り返し処理や条件判定などが、期待通りに実行されているかどうかをチェックする必要があります。その際、いちいち印刷を実行していては大変です。印刷する代わりに、印刷プレビューを表示するとよいでしょう。PrintPreviewメソッドを使用すると、印刷プレビューを表示できます❶～❸。

> オブジェクト.PrintPreview　❶

```
Worksheets("書類").PrintPreview                                       ❷
```

❸印刷プレビューを表示

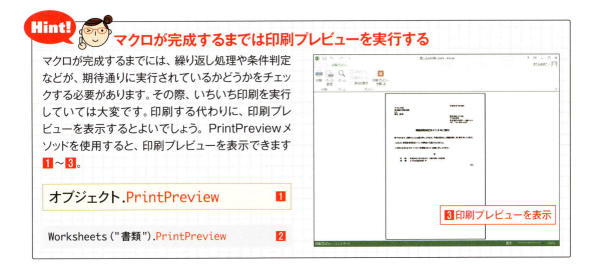

CHAPTER 6-40 選択したセル範囲に矢印を引く

図形の作成

 シフト表や工程表に矢印を入れる機会は多いけど、マウス操作だとなかなかキレイには描けないもの。選択したセル範囲に自動で矢印を描画するマクロを作ってみましょう。

マクロの動作

矢印を引きたいセル範囲を選択して、マクロを実行すると❶、選択したセル範囲の中央に、水平の双方向矢印が作成されます❷。

Hint! マクロ作りの方針

選択したセル範囲の位置とサイズを取得し、矢印を引く位置を計算します。AddLineメソッドを使用して直線を引き、矢のスタイルと色、太さなどを設定します。

コード

サンプル:6-40_矢印作成.xlsm

```
[1] Sub 横矢印作成()
[2]     Dim 始点X As Single
[3]     Dim 始点Y As Single
[4]     Dim 終点X As Single
[5]     Dim 終点Y As Single
[6]     Dim 図形 As Shape           ──A
[7]     始点X = Selection.Left
[8]     始点Y = Selection.Top + Selection.Height / 2
[9]     終点X = Selection.Left + Selection.Width
[10]    終点Y = Selection.Top + Selection.Height / 2
[11]    Set 図形 = ActiveSheet.Shapes.AddLine(始点X, 始点Y, 終点X, 終点Y)  ──C
[12]    図形.Line.Weight = 3        ──D
[13]    図形.Line.ForeColor.RGB = vbMagenta   ──E
[14]    図形.Line.BeginArrowheadStyle = msoArrowheadStealth
[15]    図形.Line.EndArrowheadStyle = msoArrowheadStealth     ──F
[16] End Sub
```

[1] [横矢印作成]マクロの開始。
[2] 単精度浮動小数点数型の変数[始点X]を用意する。矢印の始点の横位置を代入する変数。
[3] 単精度浮動小数点数型の変数[始点Y]を用意する。矢印の始点の縦位置を代入する変数。
[4] 単精度浮動小数点数型の変数[終点X]を用意する。矢印の終点の横位置を代入する変数。
[5] 単精度浮動小数点数型の変数[終点X]を用意する。矢印の終点の縦位置を代入する変数。
[6] Shape型の変数[図形]を用意する。矢印を代入するオブジェクト変数。
[7] 変数[始点X]に、矢印の始点の横位置を計算して代入する。
[8] 変数[始点Y]に、矢印の始点の縦位置を計算して代入する。
[9] 変数[終点X]に、矢印の終点の横位置を計算して代入する。
[10] 変数[終点Y]に、矢印の終点の縦位置を計算して代入する。
[11] [始点X]、[始点Y]の位置から[終点X]、[終点Y]まで直線を引き、作成された直線を変数[図形]に代入する。
[12] [図形]の線の太さを3にする。
[13] [図形]の線の色をマゼンタ(赤紫)にする。
[14] [図形]の線の始点の形を鋭い矢印にする。
[15] [図形]の線の終点の形を鋭い矢印にする。
[16] マクロの終了。

A 矢印を入れる変数を用意する

VBAでは、矢印、四角形、楕円などの図形を、Shapeオブジェクトとして扱います。ここでは、矢印を作成して変数に入れたいので、Shape型の変数［図形］を用意しておきます❶。

[6]　　　Dim 図形 As Shape　　　　　　　　　　　　　　　　　　　　　　　❶

B 矢印を引く位置を求める

矢印を引くためには、始点のX座標（始点X）とY座標（始点Y）、終点のX座標（終点X）とY座標（終点Y）の4つの情報が必要になります。いずれも、単位は「ポイント」です。

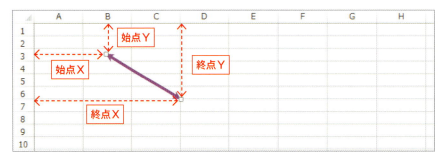

ここでは、セル範囲に矢印を引くので、セル範囲の位置やサイズを知る必要があります。それには、次の4つのプロパティを使用します。いずれもRangeオブジェクトのプロパティで、距離やサイズの単位は「ポイント」です。

セル範囲の位置とサイズを調べるためのプロパティ

プロパティ	説明
Leftプロパティ	ワークシートの左端からセル範囲の左端までの距離
Topプロパティ	ワークシートの上端からセル範囲の上端までの距離
Widthプロパティ	セル範囲の幅
Heightプロパティ	セル範囲の高さ

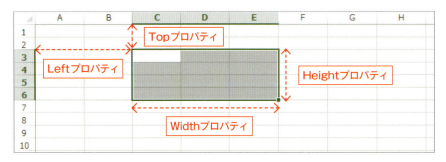

選択範囲の中央に水平の矢印を引く場合について考えましょう。選択範囲のセルは、Selectionプロパティで取得できます。始点Xは、「Selection.Left」で求めます❶。終点Xは、始点Xに幅を加えて「Selection.Left + Selection.Width」で求めます❷。始点Yと終点Yは共通で、選択範囲の上端までの距離に選択範囲の高さの2分の1を加えて、「Selection.Top + Selection.Height / 2」となります❸。

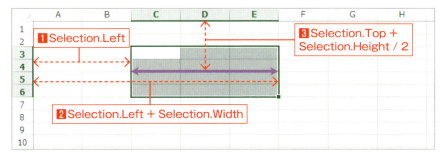

コード[7]〜[10]は、これらの値を変数に代入しています。

[7]   始点X = Selection.Left
[8]   始点Y = Selection.Top + Selection.Height / 2
[9]   終点X = Selection.Left + Selection.Width
[10]   終点Y = Selection.Top + Selection.Height / 2

C 直線を引く

矢印を引くには、直線を作成してから、直線の始点と終点の形を矢印に変える、という2段階の操作が必要です。直線を作成するには、AddLineメソッドを使用します❶。4つの引数に、始点のX座標とY座標、終点のX座標とY座標を指定します。

AddLineメソッドを実行すると、作成された直線が戻り値として返されます。コード[11]では、直線を作成し❷、作成された直線を変数[図形]に代入しています❸。変数[図形]はShape型のオブジェクト変数なので、コード[7]〜[10]とは異なり、代入するときに先頭に「Set」を記述する必要があるので注意してください。

[11]   Set 図形 = ActiveSheet.Shapes.AddLine(始点X, 始点Y, 終点X, 終点Y)

このコードを実行すると、指定した位置に、既定の書式の直線（色は[青、アクセント1]、太さは0.5）が引かれます❹。

D 直線の太さを設定する

図形に含まれる線の書式は、「Shapeオブジェクト.Line」の記述で取得します。線の太さを設定するには、Weightプロパティに線の太さを表す数値を指定します ❶～❸ 。

```
Shapeオブジェクト.Line.Weight = 線の太さ    ──❶線の太さを設定
```

[12]　　図形.Line.Weight = 3　　　　　　　　　　　　　　　　　　　　　　　　❷

❸直線の太さが3になる

Hint! 枠線の太さ

ワークシートで図形を選択し、[書式] タブにある [図形の枠線] ボタン→ [太さ] をクリックすると、右図のような一覧が表示されます。コード [12] は、この一覧から [3pt] （3ポイント）を選択する操作に相当します。

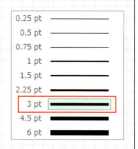

E 直線の色を設定する

線の色を設定するには、ForeColor.RGBプロパティに、RGB値と呼ばれる値か、「vbMagenta」などの設定値を設定します ❶ 。

```
Shapeオブジェクト.Line.ForeColor.RGB = 設定値    ──❶線の色を設定
```

色	設定値	RGB値	色	設定値	RGB値
黒	vbBlack	RGB (0, 0, 0)	赤	vbRed	RGB (255, 0, 0)
青	vbBlue	RGB (0, 0, 255)	マゼンタ	vbMagenta	RGB (255, 0, 255)
緑	vbGreen	RGB (0, 255, 0)	黄色	vbYellow	RGB (255, 255, 0)
シアン	vbCyan	RGB (0, 255, 255)	白	vbWhite	RGB (255, 255, 255)

ここでは、線の色をマゼンタ（赤紫色）にしました ❷ 、 ❸ 。

[13]　　図形.Line.ForeColor.RGB = vbMagenta　　　　　　　　　　　　　　　❷

❸直線の色が赤紫になる

Hint! RGB値とは

RGB値とは、赤（Red）、緑（Green）、青（Blue）の割合をそれぞれ0〜255の数値で指定して、色を表現する値のことです。3色の数値が256通りずつあるので、「256×256×256＝約1600万」通りの色を表現できます。例えば、「RGB（255, 0, 255）」は、赤255、緑0、青255の割合で作成されるマゼンタ色を表します。コード［13］は、「vbMagenta」の代わりに「RGB（255, 0, 255）」と記述してもかまいません❶。

```
[13]    図形.Line.ForeColor.RGB = RGB(255, 0, 255)
```
❶

F 直線の始点と終点の形を設定する

直線の始点の形はBeginArrowheadStyleプロパティで❶、終点の形はEndArrowheadStyleで設定します❷。設定値は次表のとおりです。

```
Shapeオブジェクト.Line.BeginArrowheadStyle = 設定値    ❶
Shapeオブジェクト.Line.EndArrowheadStyle = 設定値      ❷
```

設定値	説明	形
msoArrowheadNone	矢印なし	―
msoArrowheadTriangle	三角矢印	▶
msoArrowheadOpen	開いた矢印	→
msoArrowheadOval	円形矢印	●
msoArrowheadStealth	鋭い矢印	➤
msoArrowheadDiamond	ひし型	◆

ここでは、始点と終点の両方を鋭い矢印にしました❸、❹。

```
[14]    図形.Line.BeginArrowheadStyle = msoArrowheadStealth
[15]    図形.Line.EndArrowheadStyle = msoArrowheadStealth
```
❸

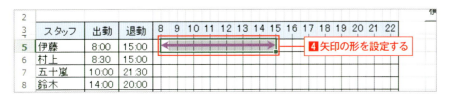
❹矢印の形を設定する

Hint! 枠線ピッタリの矢印も描ける

行高の等しい2行分のセル範囲を選択して、マクロ［横矢印作成］を実行すると、セルの枠線ピッタリの横矢印を作成できます。

Hint! 垂直の矢印を描くには

マクロ［横矢印作成］のコード［7］～［10］を次のように修正すると、選択したセル範囲に垂直の矢印を作成できます。

[7]	始点X = Selection.Left + Selection.Width / 2
[8]	始点Y = Selection.Top
[9]	終点X = Selection.Left + Selection.Width / 2
[10]	終点Y = Selection.Top + Selection.Height

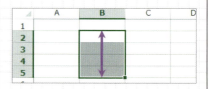

STEP UP セルに入力された時刻から自動で矢印を引く

B列の出勤時刻とC列の退勤時刻を元に、自動で矢印が作成されるようにしてみましょう❶。

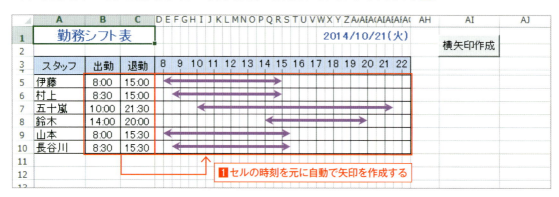

❶セルの時刻を元に自動で矢印を作成する

ポイントは、指定された時刻に該当する位置の求め方です。

時刻は、24時間を1と見なした実数です。例えば、「6:00」は「0.25」、「12:00」は「0.5」、「24:00」は「1」という実数で表せます。したがって、時刻に24を掛ければ、「6:00」なら「6」、「8:00」なら「8」、「8:30」なら「8.5」に変換できます。今回の勤務シフト表では、1時間を2列で表し、8時はD列（4列目）、8.5時はE列（5列目）に割り当てられています。この条件から、方程式を解く要領で時刻と列の関係を求めると、次の式になります。

時刻 * 24 * 2 − 11 ＝ 列番号
8:00 * 24 * 2 -11 ＝ 8 * 2 − 11 ＝ 4
8:30 * 24 * 2 -11 ＝ 8.5 * 2 − 11 ＝ 5

以上を踏まえてマクロを修正すると、以下のようになります。

サンプル:6-40_矢印作成_応用.xlsm

```
[1]  Sub 横矢印作成_応用()
[a]      Dim 始点列 As Integer
[b]      Dim 列数 As Integer
[c]      Dim 矢印範囲 As Range         ← ❷矢印を引くセル範囲を代入する変数
[2]      Dim 始点X As Single
[3]      Dim 始点Y As Single
[4]      Dim 終点X As Single
[5]      Dim 終点Y As Single
[6]      Dim 図形 As Shape
[d]      Dim i As Integer
[e]      For i = 5 To 10                          ❸矢印を引くセル範囲の
                                                   始点の列番号を求める
[f]          始点列 = Range("B" & i).Value * 24 * 2 - 11
                                                                    ❹矢印を引く
[g]          列数 = (Range("C" & i).Value - Range("B" & i).Value) * 24 * 2   セル範囲の列
                                                                    数を求める
[h]          Set 矢印範囲 = Cells(i, 始点列).Resize(1, 列数)
[7]          始点X = 矢印範囲.Left          ❺変数[矢印範囲]に矢印を
[8]          始点Y = 矢印範囲.Top + 矢印範囲.Height / 2   引くセル範囲を代入する
[9]          終点X = 矢印範囲.Left + 矢印範囲.Width
[10]         終点Y = 矢印範囲.Top + 矢印範囲.Height / 2
[11]         Set 図形 = ActiveSheet.Shapes.AddLine(始点X, 始点Y, 終点X, 終点Y)
[12]         図形.Line.Weight = 3
[13]         図形.Line.ForeColor.RGB = vbMagenta
[14]         図形.Line.BeginArrowheadStyle = msoArrowheadStealth
[15]         図形.Line.EndArrowheadStyle = msoArrowheadStealth
[i]      Next
[16] End Sub
```

CHAPTER 6-41 1カ月分の日程表を作成する

日付の操作

「年」と「月」を指定するだけで、自動的に1カ月分の日程表を作成してみましょう。ここでは予定欄のある日程表を作るけど、シフト表や勤務表など、さまざまな日付入りの表に応用がきくのよ。

マクロの動作

[条件] シートのセルD5に年、セルD7に月を入力してマクロを実行すると①、[日程表] シートをひな形として②、指定した年月の日程表が新しいブックに作成されます③。

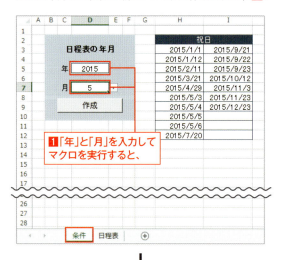

Hint! マクロ作りの方針

AutoFillメソッドを使用して、日付と曜日を一気に入力します。入力後、For～Next構文を使用して、月初日から月末日までを1日ずつチェックし、土日と祝祭日の色を設定します。

ワークシートの準備

A [条件]シートに祝日を入力する

[条件]シートの祝日欄に、祝日や創立記念日など、日程表に赤字で表示したい日付を入力しておきます❶。日曜日は自動的に赤字になるので入力する必要はありませんが、入力してもかまいません。ここでは1年分の祝日を入れましたが、日程表を作成する月の分だけでもOKです。

B [日程表]シートにひな形を作成する

[日程表]シートは、作成する日程表のひな型となるワークシートです。セルA4とセルB4に表示形式と中央揃えを設定しておきましょう。表示形式を設定するには、セルA4を右クリックして、表示されるメニューから[セルの書式設定]をクリックします。設定画面が表示されたら、[表示形式]タブをクリックし❶、[分類]から[ユーザー定義]を選択し❷、[種類]欄に「d」と入力します❸。

「d」は、セルに入力した日付のうち、「日」だけを表示する書式記号です。例えば、セルA4に「2015/5/1」と入力すると❹、「1」が表示されます。同様に、セルB4に「aaa」というユーザー定義の表示形式を設定すると、曜日が表示されます❺。

Hint! 表示形式とは

表示形式とは、セルのデータの見え方を変化させる機能です。同じ「2015/5/1」というデータを入力しても、表示形式が「d」のセルには「1」、「aaa」のセルには「木」という具合に、表示形式の設定によって異なる表示方法で表示できます。

コード

サンプル:6-41_日程表.xlsm

```vb
[1]  Sub 日程表作成()
[2]      Dim 年 As Integer
[3]      Dim 月 As Integer
[4]      Dim 日数 As Integer
[5]      Dim i As Integer
[6]      Dim 祝日セル As Range
[7]      年 = Range("D5").Value
[8]      月 = Range("D7").Value
[9]      日数 = Day(DateSerial(年, 月 + 1, 0))
[10]     Set 祝日セル = Range("H3:I12")
[11]     Worksheets("日程表").Copy
[12]     Range("A1").Value = 年 & "年" & 月 & "月" & Range("A1").Value
[13]     Range("A4:B4").Value = DateSerial(年, 月, 1)
[14]     Range("A4:C4").AutoFill Range("A4").Resize(日数, 3), xlFillSeries
[15]     For i = 4 To 日数 + 3
[16]         If Range("B" & i).Text = "土" Then
[17]             Range("A" & i).Resize(1, 2).Font.Color = vbBlue
[18]         ElseIf Range("B" & i).Text = "日" Then
[19]             Range("A" & i).Resize(1, 2).Font.Color = vbRed
[20]         End If
[21]         If WorksheetFunction.CountIf(祝日セル, Range("A" & i).Value) >= 1 Then
[22]             Range("A" & i).Resize(1, 2).Font.Color = vbRed
[23]         End If
[24]     Next
[25] End Sub
```

[1] [日程表作成]マクロの開始。
[2] 整数型の変数[年]を用意する。日程表の年の数値を代入する変数。
[3] 整数型の変数[月]を用意する。日程表の月の数値を代入する変数。
[4] 整数型の変数[日数]を用意する。日程表の日数を代入する変数。
[5] 整数型の変数iを用意する。行番号を数えるカウンター変数。
[6] Range型の変数[祝日セル]を用意する。祝祭日のセル範囲を代入するオブジェクト変数。
[7] 変数[年]にセルD5の値を代入する。
[8] 変数[月]にセルD7の値を代入する。
[9] 変数[日数]に、指定された年月の日数を求めて代入する。
[10] 変数[祝日セル]にセルH3～I12を代入する。
[11] [日程表]シートを新しいブックにコピーする。
[12] セルA1に「○年○月予定表」を入力する。
[13] セルA4～B4に、指定された年月の初日の日付を入力する。
[14] セルA4～C4をオートフィルして、月の日数分のセルに連続データを入力する。

[15] For～Next構文の開始。変数iが4から「[日数] +3」になるまで繰り返す。
[16] If構文の開始。B列i行目のセルの値が「土」に等しい場合、
[17] A列i行目のセルから1行2列の範囲の文字の色を青にする。
[18] B列i行目のセルの値が「日」に等しい場合、
[19] A列i行目のセルから1行2列の範囲の文字の色を赤にする。
[20] If構文の終了。
[21] A列i行目のセルの値が[祝日セル]の中に1つ以上存在する場合、
[22] A列i行目のセルから1行2列の範囲の文字の色を赤にする。
[23] If構文の終了。
[24] For～Next構文の終了。
[25] マクロの終了。

Hint! COUNTIF関数で祝日かどうかを判定する

コード[21]の「WorksheetFunction.CountIf」は、ワークシート関数のCOUNTIF関数のことです。COUNTIF関数は、

＝COUNTIF（範囲, 検索条件）

という構文で、[範囲]の中に[検索条件]と一致するセルがいくつあるかを数えます。例えば、セルH14に入力した日付が祝日かどうかを調べるには、

＝COUNTIF（H3:I12,H14）

と入力します（ここではセルH15に入力）。
すると、セルH14の日付が祝日欄のセルH3～H12の中に存在する場合は1以上の数値、存在しない場合は0が表示されます。つまり、結果が1以上であれば、セルH14の日付は祝日であると判断できます。

A 変数に値を代入する

コード[7]〜[9]では、各変数に値を代入しています。日数の計算に使用するDateSerial関数は、引数に指定した年、月、日の数値から日付を作成する関数です❶。例えば、「DateSerial (2015, 6, 10)」の結果は、「2015/6/10」という日付になります。また、Day関数は、引数に指定した日付から「日」の数値を取り出す関数です❷。例えば、「Day (DateSerial (2015, 6, 10))」の結果は「10」になります。

| DateSerial(年, 月, 日) | ❶年、月、日から日付を作成 |

| Day(日付) | ❷日付から「日」を取り出す |

DateSerial関数では、引数に指定した数値のままでは正しい日付にならない場合、自動的に前後の日付に調整されます。例えば、「DateSerial (2015, 5, 32)」の結果は「2015/5/31」の1日後の「2015/6/1」、「DateSerial (2015, 6, 0)」の結果は「2015/6/1」の1日前の「2015/5/31」になります。コード[9]では、DateSerial関数を使用して、[条件] シートで指定した年月の翌月の0日の日付を求めています❸。実際には自動調整が行われて当月末尾が求められ、Day関数により「日」が取り出されて、その月の日数が求められます。

```
[7]    年 = Range("D5").Value
[8]    月 = Range("D7").Value
[9]    日数 = Day(DateSerial(年, 月 + 1, 0))      ❸
```

年	月	「DateSerial (年, 月 + 1, 0)」の結果	「Day (DateSerial (年, 月 + 1, 0))」の結果
2015	2	DateSerial (2015, 3, 0) → 2015/2/28	28 (2015年2月の日数)
2015	5	DateSerial (2015, 6, 0) → 2015/5/31	31 (2015年5月の日数)
2015	12	DateSerial (2015, 13, 0) → 2015/12/31	31 (2015年12月の日数)

B オブジェクト変数にセルを代入する

コード[10]では、変数[祝日セル]に祝日欄のセルH3〜I12を代入しています❶。変数[祝日セル]はRange型のオブジェクト変数なので、コード[7]〜[9]とは異なり、代入するときに先頭に「Set」を記述する必要があるので注意してください❷。

```
[10]    Set 祝日セル = Range("H3:I12")          ❷
```

❶祝日欄のセルを変数[祝日セル]に代入する

C [日程表]シートを新しいブックにコピーする

[日程表]シートを新しいブックにコピーします❶。引数を指定せずにCopyメソッドを使用すると、新しいブックにコピーできます。コピー先の新しいブックがアクティブブックになるので、コード[12]では、新しいブックのセルA1に「○年○月予定表」と入力されます❷、❸。

```
[11]    Worksheets("日程表").Copy          ❶新しいブックにコピーする
[12]    Range("A1").Value = 年 & "年" & 月 & "月" & Range("A1").Value
```

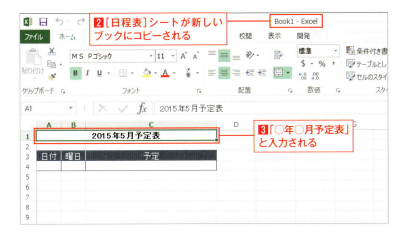

❷[日程表]シートが新しいブックにコピーされる

❸「○年○月予定表」と入力される

D 1日目の日付を入力する

セルA4～B4に、1日目の日付を入力します。DateSerial関数の引数に、[年]、[月]、1を指定すれば、簡単に求められます❶。求めた日付の1日目の「日」の数値がセルA4に、曜日の文字がセルB4に表示されます❷。

```
[13]    Range("A4:B4").Value = DateSerial(年, 月, 1)                    ❶
```

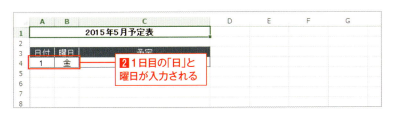

❷1日目の「日」と曜日が入力される

Hint! さまざまな日程表を作成できる

セルA4とセルB4に設定する表示形式に応じて、さまざまな形式の日程表を作成できます。

書式	表示例	書式	表示例
d	1	aaa	金
m/d	5/1	aaaa	金曜日
mm.dd	05.01	ddd	Fri
m月d日	5月1日	dddd	Friday

E 月末日までの日付と曜日を入力する

1日目の日付と曜日を表示できたら、AutoFillメソッドを使用して連続データを入力します❶。先頭のRangeオブジェクトに、連続データの先頭の値が入力されているセルを指定します。また、引数Destinationに、先頭のセルを含めた入力先のセルを指定します。引数Typeはオートフィルの種類を指定するもので、連続データを入力するには「xlFillSeries」を指定します。引数Typeのそのほかの設定値については、233ページを参照してください。

> Rangeオブジェクト.AutoFill(Destination, [Type])　❶

ここでは、セルA4～C4を基準として、[日数]行3列分のセル範囲に連続データを入力します❷～❹。その際、セルA4～C4に設定されている罫線、表示形式、中央揃えなどの書式がコピーされます。セルC4はデータがないので、C列には書式だけがコピーされます。

```
[14]    Range("A4:C4").AutoFill Range("A4").Resize(日数, 3), xlFillSeries         ❷
```

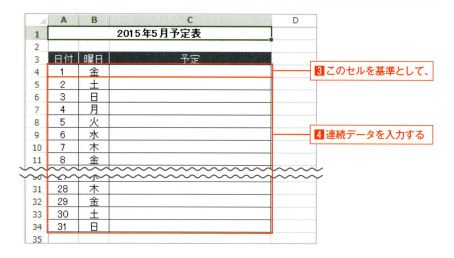

❸ このセルを基準として、
❹ 連続データを入力する

F 月の日数分だけ繰り返す

コード[15]～[24]は、土日祝日の文字の色を設定する処理です。日付が入力されているワークシートの4行目～「[日数]+3」行目について、For～Next構文を使用して処理を繰り返します❶。

```
[15]    For i = 4 To 日数 + 3         ❶
            :
[24]    Next
```

G 土曜日を青、日曜日を赤で表示する

次に、For～Next構文の中の処理を見ていきましょう。土曜日を青、日曜日を赤にするには、B列の曜日が「土」かどうかと「日」かどうかの2つの条件を判定する必要があります。複数の条件を判定して処理を分岐するには、If～Then～Else構文の中に「ElseIf」ブロックを組み込みます。

If～Then～Else構文では、「条件式1」が成立する場合は「処理1」が実行され❶、不成立の場合は「条件式2」が判定されます。「条件式2」が成立する場合は「処理2」が実行され❷、不成立の場合は「処理X」が実行されます❸。「処理X」は、いずれの条件も成立しない場合に実行される処理です。

```
If 条件式1 Then          ──❶
    処理1
ElseIf 条件式2 Then      ──❷
    処理2
Else                     ──❸
    処理X
End If
```

ここでは、まずB列i行目のセルに「土」と表示されているかを判定し、表示されている場合は文字を青にします❹。そうでない場合は「日」と表示されているかを判定し、表示されている場合は文字を赤にします❺。

なお、ここではセルに表示されている文字列の取得にTextプロパティを使用します❻。B列のセルに実際に入力されているのは日付ですが❼、表示形式の設定によってセルには「土」や「日」などの文字が表示されています❽。そこで、値を取得するValueプロパティではなく、表示されている文字列を取得するTextプロパティを使用するのです。

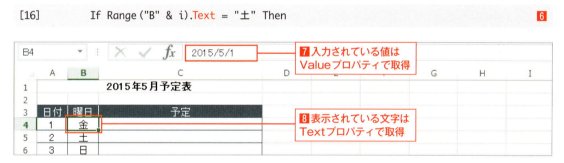

また、ここでは色の設定にColorプロパティを使用しています❾、❿。「vbBlue」を設定すると青、「vbRed」を設定すると赤になります。色の設定値については、224ページを参照してください。

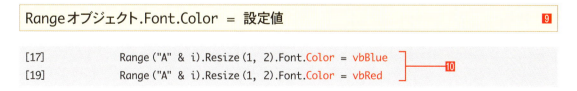

ThemeColorプロパティとColorプロパティ

Excel 2013とExcel 2010/2007では、カラーパレットに登録されているテーマの色が異なります。そのため、例えばThemeColorプロパティに「xlThemeColorAccent4」を設定した場合、Excel 2013ではゴールド、Excel 2010/2007では紫の色が付きます。一方、Colorプロパティの色は各バージョン共通で、どのバージョンでも「vbBlue」は青、「vbRed」は赤になります。

H 祝日を赤で表示する

日付が祝日かどうかを判定するには、201ページで紹介したワークシート関数のCOUNTIF関数を使用します。A列i行目のセルの値が[祝日セル]の中に1つ以上ある場合は祝日と見なして❶、文字の色を赤にします❷。

```
[21]        If WorksheetFunction.CountIf(祝日セル, Range("A" & i).Value) >= 1 Then ──❶
[22]            Range("A" & i).Resize(1, 2).Font.Color = vbRed ──❷
[23]        End If
```

STEP UP 横型の日程表を作成する

マクロ[日程表作成]をアレンジして、横型の日程表を作成してみましょう。[条件]シートはそのまま使用し❶、[日程表]シートには横型のひな型を作成し❷、これを元に日程表を作成します❸。

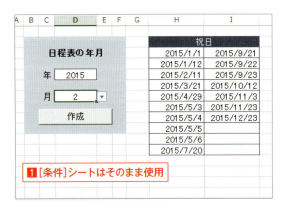

処理の流れはマクロ［日程表作成］と同じですが、大きな変更点が2つあります。1つは、コード［15］以降のFor～Next構文の中で、変数iに代入されている数値で列番号を表現する点です。列番号を「A」「B」などのアルファベットではなく数値で指定しなければならないので、Cellsプロパティを使用しましょう **4**。もう1つは、列幅を調整するコードを追加する点です。ここでは、各日付の列のColumnWidthプロパティに、2列目(B列)のColumnWidthプロパティの値を設定して、すべての列を2列目の列幅に揃えました **5**。赤字がマクロ［日程表作成］からの修正箇所です。

サンプル:6-41_日程表_応用.xlsm

```
[1]  Sub 日程表作成_応用()
[2]      Dim 年 As Integer
[3]      Dim 月 As Integer
[4]      Dim 日数 As Integer
[5]      Dim i As Integer
[6]      Dim 祝日セル As Range
[7]      年 = Range("D5").Value
[8]      月 = Range("D7").Value
[9]      日数 = Day(DateSerial(年, 月 + 1, 0))
[10]     Set 祝日セル = Range("H3:I12")
[11]     Worksheets("日程表").Copy
[12]     Range("A1").Value = 年 & "年" & 月 & "月" & Range("A1").Value
[13]     Range("B3:B4").Value = DateSerial(年, 月, 1)
[14]     Range("B3:B15").AutoFill Range("B3").Resize(13, 日数), xlFillSeries
[15]     For i = 2 To 日数 + 1
[16]         If Cells(4, i).Text = "土" Then
[17]             Cells(3, i).Resize(13, 1).Font.Color = vbBlue
[18]         ElseIf Cells(4, i).Text = "日" Then
[19]             Cells(3, i).Resize(13, 1).Font.Color = vbRed
[20]         End If
[21]         If WorksheetFunction.CountIf(祝日セル, Cells(3, i).Value) >= 1 Then
[22]             Cells(3, i).Resize(13, 1).Font.Color = vbRed
[23]         End If
[a]          Columns(i).ColumnWidth = Columns(2).ColumnWidth
[24]     Next
[25] End Sub
```

CHAPTER 6-42 入力用の部品を使って効率よく入力する

コントロール

回収したアンケート用紙の回答を効率よく入力する仕組みを作りましょう。「コントロール」という部品を利用すると、マウスのクリックだけで入力できるから、簡単よ!

マクロの動作

［入力］シートにあるオプションボタンをクリックしたり、チェックボックスにチェックを付けるなどして、アンケートの回答を入力します。［転記］ボタンをクリックすると 、回答が［集計］シートに転記されて **2**、［入力］シートが未回答の状態に戻ります **3**。

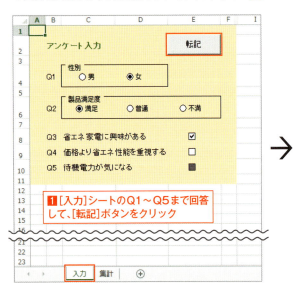

1 ［入力］シートのQ1〜Q5まで回答して、［転記］ボタンをクリック

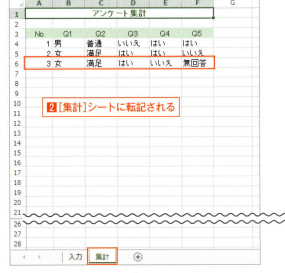

2 ［集計］シートに転記される

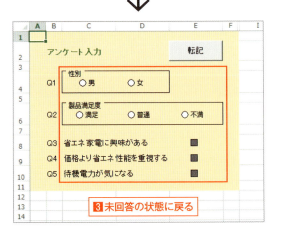

3 未回答の状態に戻る

Hint! マクロ作りの方針

ワークシートにコントロールを配置し、その状態がそれぞれセルに表示されるような仕組みを作成しておきます。マクロでは、コントロールの状態を表示したセルの値を、［集計］シートに転記します。

ワークシートの準備

A グループボックスとオプションボタンを配置する

[入力] シートにコントロールを配置しましょう。Q1とQ2の回答欄は、グループボックスとオプションボタンで作成します。まず、[開発] タブの [挿入] ボタンの [フォームコントロール] の一覧から [グループボックス] をクリックして❶、シート上をドラッグすると❷、ドラッグした大きさのグループボックスが作成されます。「グループ1」の文字を「性別」に書き換えてから❸、任意のセルをクリックすると文字の編集が確定します❹。

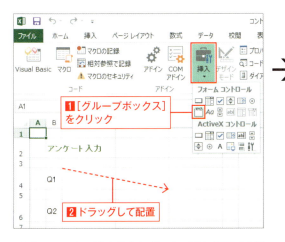

コントロールの一覧から [オプションボタン] をクリックし❺、グループボックスの内部をクリックして標準の大きさのオプションボタンを配置し❻、「グループ2」の文字を「男」に書き換えます❼。オプションボタンは、グループボックスからはみ出ないように配置しましょう。同様に操作して、[性別] 欄と [製品満足度] 欄を完成させます❽。

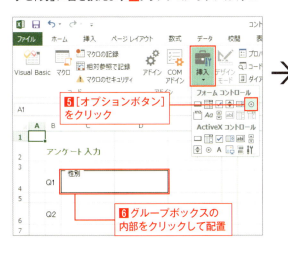

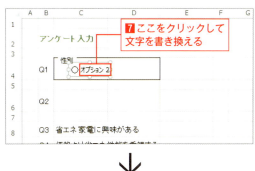

コントロールの編集

[Ctrl]キーを押しながらコントロールをクリックすると、コントロールを選択できます。選択したコントロールの八方にある白い四角形のハンドルをドラッグすると、コントロールのサイズを変更できます。ハンドル以外の部分をドラッグすると、コントロールを移動できます。

B 選択されたオプションボタンを取得する

どのオプションボタンが選択されたのかを取得する仕組みを作りましょう。まず、[性別]欄のいずれかのオプションボタンを右クリックして **1**、表示されるメニューから[コントロールの書式設定]を選択します **2**。設定画面が表示されるので、[リンクするセル]欄にセルG4を指定します **3**。[リンクするセル]欄の中をクリックして、ワークシート上でセルG4をクリックすれば、「$G$4」と自動入力できます。[OK]ボタンをクリックし **4**、任意のセルをクリックして編集を確定しましょう。以上の操作で、同じグループボックス内のすべてのオプションボタンがセルG4にリンクします。

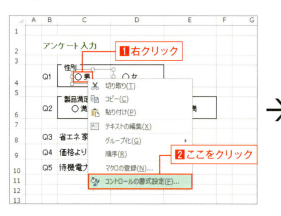

オプションボタンは、グループボックス内に配置された順に1、2…と番号が割り振られます。[男]をクリックすると、セルG4に「1」と入力されます **5**。[女]をクリックすると自動的に[男]がオフになり、セルG4に「2」と入力されます **6**。反対に、セルG4に「0」を入力すると、グループボックス内のすべてのオプションボタンをオフにできます **7**。

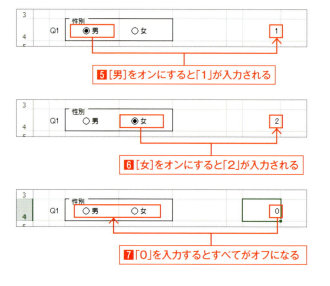

セルG4の数値に応じて、「無回答」「男」「女」の文字を隣のセルH4に表示してみましょう。それには、ワークシート関数のCHOOSE関数を使用して、セルH4に「=CHOOSE（G4+1,"無回答","男","女"）」と入力します8。すると、セルG4が「0」なら「無回答」、「1」なら「男」、「2」なら「女」と表示されます9。

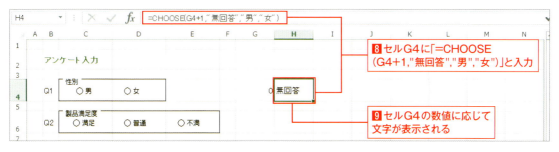

同様に、[製品満足度] のオプションボタンをセルG6にリンクさせ10、セルH6に「=CHOOSE（G6+1,"無回答","満足","普通","不満足"）」と入力します11。完成したら、オプションボタンをクリックして動作を確認しておきましょう。

Hint!  CHOOSE関数

CHOOSE関数は、引数 [インデックス] の値が1のときに [値1]、2のときに [値2]、3の時に [値3] …を表示する関数です1。引数 [インデックス] には1～254の数値を指定します。

=CHOOSE（インデックス, 値1, [値2], [値3], ... [値254]）————1

引数 [インデックス] に指定できるのは1以上の数値です。一方、セルG4に入力される数値は「0」「1」「2」のいずれかなので、ここではセルG4に1を加えて引数 [インデックス] に指定しました。

=CHOOSE（G4+1,"無回答","男","女"）

2 セルG4が0（「G4+1」が1）の場合
3 セルG4が1（「G4+1」が2）の場合
4 セルG4が2（「G4+1」が3）の場合

オプションボタンの数が3つ、4つと増えた場合でも、指定する引数を [値4]、[値5] と増やしていけば対応できます。

C チェックボックスを配置する

Q3〜Q5の回答欄には、チェックボックスを利用します。[開発] タブの [挿入] ボタンの [フォームコントロール] の一覧から [チェックボックス] ☑ をクリックし❶、シート上をクリックして標準の大きさのチェックボックスを配置します❷。同様に、チェックボックスをあと2つ配置します❸。「チェック10」などの文字は、Deleteキーで削除しておきましょう❹。

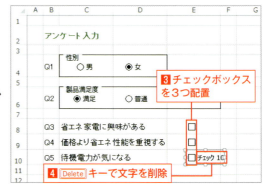

D チェックの状態を取得する

チェックの状態を取得する仕組みを作りましょう。まず、Q3のチェックボックスを右クリックして❶、表示されるメニューから [コントロールの書式設定] を選択します❷。

続いて、[リンクするセル] 欄にセルG8を指定します❸。同様に、Q4のチェックボックスをセルG9、Q5のチェックボックスをセルG10にリンクさせておきましょう。

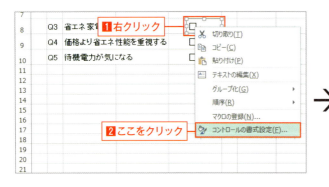

チェックボックスにチェックを付けるとリンクするセルに「TRUE」が表示され、チェックを外すと「FALSE」が表示されるようになります 4 。

また、リンクするセルに「＝NA()」と入力すると 5 、セルに「#N/A」（未定置という意味）が表示され 6 、対応するチェックボックスが淡色表示になります 7 。

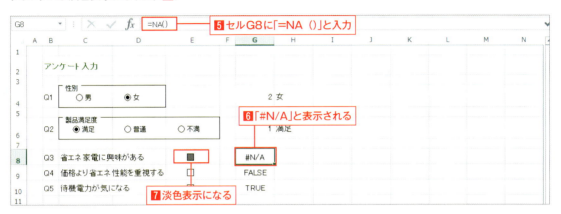

セルG8～G10の値に応じて、「無回答」「はい」「いいえ」の文字を隣のセルH8～H10に表示してみましょう。それには、ワークシート関数のIF関数とISNA関数を使用して、セルH8に「＝IF（ISNA（G8），"無回答"，IF（G8=TRUE，"はい"，"いいえ"））」と入力し 8 、セルH10までコピーします。すると、チェックボックスが淡色表示の場合は「無回答」、チェックが付いている場合は「はい」、付いていない場合は「いいえ」が表示されます 9 。

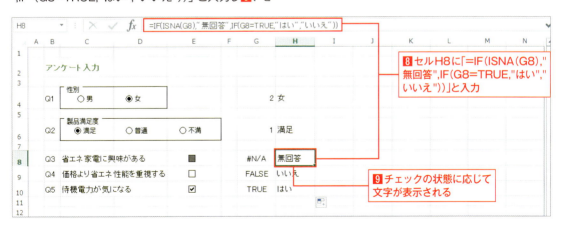

Hint! IF関数とISNA関数

IF関数は、引数[論理式]の値がTRUEである場合に引数[真の場合]、FALSEである場合に引数[偽の場合]に指定した値を表示する関数です **1**。

=IF(論理式,真の場合,偽の場合) ——— **1**

また、ISNA関数は、引数[テストの対象]が「#N/A」である場合にTRUE、そうでない場合にFALSEになる関数です **2**。

=NA(テストの対象) ——— **2**

セルH8に入力した数式は、セルG8が「#N/A」である場合に「無回答」と表示します。そうでない場合はもう1つIF関数を使用して、セルG8がTRUEの場合に「はい」、そうでない場合に「いいえ」と表示します **3**。

=IF(ISNA(G8),"無回答",IF(G8=TRUE,"はい","いいえ")) ——— **3**

コード

サンプル:6-42_コントロール.xlsm

```
[1] Sub コントロール()
[2]     Dim 番号 As Long
[3]     番号 = Worksheets("集計").Range("A3").CurrentRegion.Rows.Count         —— A
[4]     Worksheets("集計").Range("A" & 番号 + 3).Value = 番号
[5]     Worksheets("集計").Range("B" & 番号 + 3).Value = Range("H4").Value
[6]     Worksheets("集計").Range("C" & 番号 + 3).Value = Range("H6").Value
[7]     Worksheets("集計").Range("D" & 番号 + 3).Value = Range("H8").Value      —— B
[8]     Worksheets("集計").Range("E" & 番号 + 3).Value = Range("H9").Value
[9]     Worksheets("集計").Range("F" & 番号 + 3).Value = Range("H10").Value
[10]    Range("G4").Value = 0
[11]    Range("G6").Value = 0
[12]    Range("G8").Formula = "=NA()"       —— C
[13]    Range("G9").Formula = "=NA()"
[14]    Range("G10").Formula = "=NA()"
[15] End Sub
```

[1] [コントロール]マクロの開始。
[2] 長整数型の変数[番号]を用意する。[集計]シートの新規行の「No」を代入する変数。
[3] 変数[番号]に、[集計]シートのセルA3を含む表の行数を代入する。
[4] [集計]シートのA列「番号+3」行目のセルに、変数[番号]の値を入力する。
[5] [集計]シートのB列「番号+3」行目のセルに、セルH4の値を入力する。
[6] [集計]シートのC列「番号+3」行目のセルに、セルH6の値を入力する。

[7]［集計］シートのD列「番号+3」行目のセルに、セルH8の値を入力する。
[8]［集計］シートのE列「番号+3」行目のセルに、セルH9の値を入力する。
[9]［集計］シートのF列「番号+3」行目のセルに、セルH10の値を入力する。
[10]セルG4に「0」を入力する。
[11]セルG6に「0」を入力する。
[12]セルG8に「=NA()」という数式を入力する。
[13]セルG9に「=NA()」という数式を入力する。
[14]セルG10に「=NA()」という数式を入力する。
[15]マクロの終了。

Hint! ［入力］シートにボタンを配置する

マクロを作成したら、CHAPTER 1-08を参考にボタンを作成して、マクロを登録しましょう❶。また、色を付けるなどして見栄えを整えておきましょう❷。G列とH列は、列番号の部分を右クリックして表示されるメニューから［非表示］を選択すると、非表示にできます。なお、非表示にした列を再表示するには、F列からI列まで列番号をドラッグして選択し、右クリックして［再表示］を選択します。

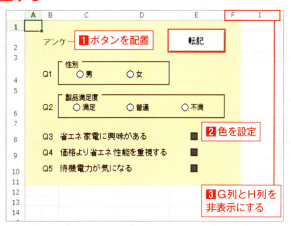

A 新規入力行の「No」を求める

新規入力行の「No」欄のセルに入力する番号を求めましょう。この番号は、［集計］シートのセルA3を含む表の行数に一致するので、「Range("A3").CurrentRegion.Rows.Count」で求めます❶。例えば、マクロの実行時点ですでに2件のデータが入力されていた場合、変数［番号］に「3」が代入されます❷。

[3]　　番号 = Worksheets("集計").Range("A3").CurrentRegion.Rows.Count　——❶

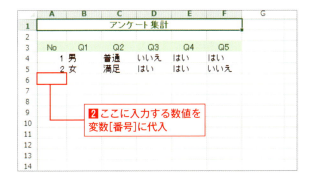

B [入力]シートの内容を[集計]シートに転記する

コード[4]～[9]では、変数[番号]の値の入力と❶［入力］シートから［集計］シートへの転記を行います❷。このマクロは［入力］シートの［転記］ボタンのクリックで開始されるので、転記先の［集計］シートはアクティブシートではないため、セルの指定に「Worksheets("集計")．」を付けます❸。［入力］シートはアクティブシートなので、シート名を明記せずにそのまま「Range("H4")．Value」などと指定してかまいません❹。

[入力]シート

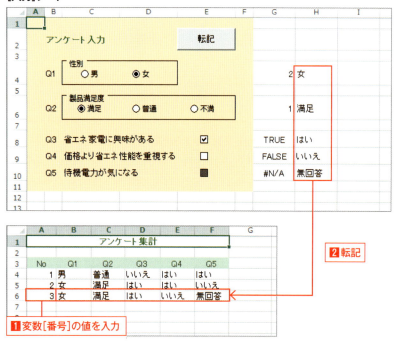

C コントロールをリセットする

コード[10]～[14]は、コントロールのリセットをしています。オプションボタンは、リンクするセルに「0」を入力するとリセットできます❶。チェックボックスは、リンクするセルに「=NA()」という数式を入力するとリセットできます❷～❹。

```
[10]     Range("G4").Value = 0           ——❶
[12]     Range("G8").Formula = "=NA()"   ——❷
```

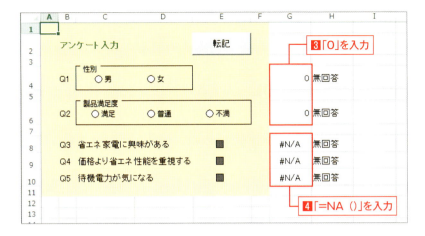

Hint! チェックボックスの淡色表示

リセット時にチェックボックスを淡色表示にしておくと、クリックしなければオフにもオンにもならないので、回答したかどうかを判別できます。なお、リセット時にチェックボックスをオフの状態にしたい場合は、リンクするセルのValueプロパティに「False」を設定します。

STEP UP スピンボタンのクリックで数値を増減する

フォームコントロールのスピンボタン を使用すると、リンクするセルの数値をクリックで増減できるので便利です **1**。設定画面で、[最小値][最大値]と[変化の増分](1クリックあたりの増減値)を設定します **2**。ここでは、リンクするセルをセルE2として **3**、スピンボタンのクリックで印刷部数を指定できるようにマクロを組みます **4**。

サンプル:6-42_コントロール_応用.xlsm

[a]　Sub コントロール_応用()
[b]　　　Range("B4:H16").PrintOut Copies:=Range("E2").Value   ← **4** セルH2の数値の数だけ印刷する
[c]　End Sub

217

COLUMN

VBEの環境設定

VBEの環境設定の方法を紹介します。コードの文字が小さくて作業しづらいときに文字を大きくするなど、使い勝手を上げることができます。

[オプション]ダイアログボックスで設定する

1 VBEの環境を設定するには、まず[ツール]メニューをクリックして■、[オプション]をクリックします■。

2 [オプション]ダイアログボックスが表示されます。[編集]タブでは■、自動メンバー表示などの入力補助機能を利用するかどうかや■、[Tab]キーを押した時の字下げの文字数などを設定できます■。

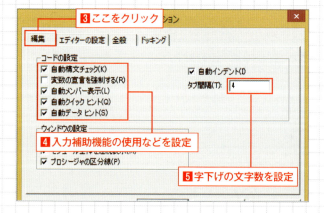

3 [エディターの設定]タブでは■、文字の大きさなどを設定できます。コード全般の文字の設定を行うには、[標準コード]を選択して■、フォントやサイズの設定を行います■。

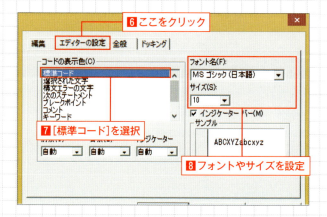

CHAPTER 7 知識を広げよう

7-43 1行マクロ集
　　　［プロパティ／メソッド］

7-44 便利な関数
　　　［関数］

CHAPTER 7-43 １行マクロ集

プロパティ／メソッド

たくさん勉強してきて腕は上がったはずなんですが、いざ自分でマクロを作ろうとすると、「塗りつぶしのプロパティは何だっけ？」「Copyメソッドの引数は何？」という具合に、迷うことが多くって（涙）。

無理もないわ。Excelの機能の数だけプロパティやメソッドがあるんだもの。
でも、安心して。プロパティやメソッドの構文は、すべて１行完結。
そして、その１行のコードの組み合わせからマクロができるのよ。
ここに、使用頻度の高いプロパティやメソッドの使い方をまとめるから、
今後のマクロ作りの参考にしてね。

セルの書式設定

フォントやフォントサイズを設定する

Nameプロパティ　フォントを設定する

```
Rangeオブジェクト.Font.Name ＝ フォント名
```

Sizeプロパティ　フォントサイズを設定する

```
Rangeオブジェクト.Font.Size ＝ フォントサイズ
```

フォント関連の書式は、Fontオブジェクトに対して設定します。「Rangeオブジェクト.Font」と記述してセルのFontオブジェクトを指定し、それに続けて「.プロパティ ＝ 設定値」を記述します。

セルA1の文字をHGP明朝E、16ポイントにする

[1] Range("A1").Font.Name = "HGP明朝E"　　　[1] セルA1のフォントを[HGP明朝E]にする。
[2] Range("A1").Font.Size = 16　　　　　　　[2] セルA1のフォントサイズを16ポイントにする。

太字、斜体、下線を設定する

Boldプロパティ　太字を設定／解除する

```
Rangeオブジェクト.Font.Bold = True / False
```

Italicプロパティ　斜体を設定／解除する

```
Rangeオブジェクト.Font.Italic = True / False
```

Underlineプロパティ 下線を設定／解除する

`Rangeオブジェクト.Font.Underline = True / False`

Bold／Italic／Underlineプロパティは、Fontオブジェクトのプロパティです。各プロパティにTrueを設定すると書式が設定され、Falseを設定すると書式が解除されます。

太字と斜体を設定し、下線を解除する

[1] `Range("A1").Font.Bold = True`
[2] `Range("A1").Font.Italic = True`
[3] `Range("A1").Font.Underline = False`

[1] セルA1に太字を設定する。
[2] セルA1に斜体を設定する。
[3] セルA1の下線を解除する。

文字の配置を設定する

HorizontalAlignmentプロパティ セルの横方向の配置を設定する

`Rangeオブジェクト.HorizontalAlignment = 設定値`

VerticalAlignmentプロパティ セルの縦方向の配置を設定する

`Rangeオブジェクト.VerticalAlignment = 設定値`

HorizontalAlignmentプロパティとVerticalAlignmentプロパティの設定値は、下表のとおりです。

HorizontalAlignmentプロパティの主な設定値

設定値	説明
xlGeneral	標準
xlLeft	左揃え
xlCenter	中央揃え
xlRight	右揃え
xlJustify	両端揃え
xlDistributed	均等割り付け

VerticalAlignmentプロパティの設定値

設定値	説明
xlTop	上揃え
xlCenter	中央揃え
xlBottom	下揃え
xlJustify	両端揃え
xlDistributed	均等割り付け

横は中央揃え、縦は下揃えにする

[1] `Range("A1").HorizontalAlignment = xlCenter`
[2] `Range("A1").VerticalAlignment = xlBottom`

[1] セルA1の横方向の配置を中央揃えにする。
[2] セルA1の縦方向の配置を下央揃えにする。

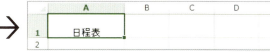

セルの結合を設定する

MergeCellsプロパティ　セルの結合を設定／解除する

Rangeオブジェクト.MergeCells = True / False

MergeAreaプロパティ　結合したセルを取得する

Rangeオブジェクト.MergeArea

セルの結合の設定をするにはMergeCellsプロパティを使用します。また、結合したセルに文字を入力するときなど、結合したセルを指定するには、MergeAreaプロパティを使用します。

セルを結合して文字を中央揃えにする

[1]　Range("A1:C1").MergeCells = True
[2]　Range("A1").MergeArea.Value = "サマーセール売上表"
[3]　Range("A1").MergeArea.HorizontalAlignment = xlCenter

[1]　セルA1～C1を結合する。
[2]　セルA1を含む結合セルに「サマーセール売上表」と入力する。
[3]　セルA1を含む結合セルの文字を中央揃えにする。

文字列の折り返しを設定する

WrapTextプロパティ　文字列の折り返しを設定／解除する

Rangeオブジェクト.WrapText = True / False

WrapTextプロパティにTrueを設定すると、文字列がセルの中で折り返して表示されます。Falseを設定すると、文字列の折り返しが解除されます。

文字列をセルの幅で折り返す

[1]　Range("A1").WrapText = True

[1]　セルA1の文字列をセルの幅で折り返す。

Hint! 文字列の向きを設定するには

文字列の向きを指定するには、Orientationプロパティを使用して「Rangeオブジェクト.Orientation = 設定値」と記述します。縦書きにするには「xlVertical」、横書きにするには「xlHorizontal」を設定します。

表示形式を設定する

NumberFormatLocalプロパティ　表示形式を設定する

> Rangeオブジェクト.NumberFormatLocal = 設定値

表示形式とは、セルのデータの見え方を変化させる機能です。書式記号を組み合わせた文字列をダブルクォーテーション「"」で囲んで設定します。なお、「人」「円」「年」などの文字を入れたいときは、「"" 人 ""」のように、ダブルクォーテーションを2つ重ねた「""」で文字を囲みます。

セルに入力されているデータの表示形式を設定する

[1] Range("A1").NumberFormatLocal = "00000"
[2] Range("A2").NumberFormatLocal = "#,##0"
[3] Range("A3").NumberFormatLocal = "0.0%"
[4] Range("A4").NumberFormatLocal = "m""月""d""日"""
[5] Range("A5").NumberFormatLocal = "G/標準"

[1] セルA1に「00000」の表示形式を設定する(先頭に「0」を補って数値を5桁で表示する)。
[2] セルA2に「#,##0」の表示形式を設定する(桁区切りスタイルで表示する)。
[3] セルA3に「0.0%」の表示形式を設定する(小数点以下1桁のパーセントスタイルで表示する)。
[4] セルA4に「m"月"d"日"」の表示形式を設定する(日付を「○月○日」の形式で表示する)。
[5] セルA5を標準の表示形式に戻す。

	A	B
1	123	
2	1234567	
3	0.9876	
4	2014/9/10	
5	¥12,345	
6		

→

	A	B
1	00123	
2	1,234,567	
3	98.8%	
4	9月10日	
5	12345	
6		

数値の主な書式記号

記号	説明
0	数値1桁。データの桁が少ないときに「0」を補完表示
#	数値1桁。データの桁が少ないときに「0」を補完しない

Hint! 書式記号を組み合わせて設定する

下表は、NumberFormatLocalプロパティの設定値の例です。

表示形式の設定例

設定例	セルの値	実行結果	説明
"0.00"	12.3	12.30	小数点以下を2桁表示
"¥#,##0"	1234	¥1,234	先頭に円記号を付け、3桁区切りで表示
"yyyy/m/d"	2014/9/10	2014/9/10	年月日を表示
"mm/dd"	2014/9/10	09/10	月日をそれぞれ2桁で表示
"ggge""年"""	2014/9/10	平成26年	和暦を漢字で表示
"ge.m.d"	2014/9/10	H26.9.10	和暦をアルファベットで表示
"m/d (aaa)"	2014/9/10	9/10（水）	月日と曜日を表示
"h:mm:ss"	14:08:09	14:08:09	時分秒を表示、分と秒は2桁で表示
"h""時""m""分"""	14:08:09	14時8分	時分を表示
"AM/PM h:mm"	14:08:09	PM 2:08	時分を12時間単位で表示

塗りつぶしの色や文字の色を設定する（インデックス番号の色）

ColorIndexプロパティ　インデックス番号に対応する色でセルを塗りつぶす

> Rangeオブジェクト.Interior.ColorIndex = インデックス番号

ColorIndexプロパティでは、1〜56の範囲のインデックス番号で色を指定します。また、「xlNone」を指定して、色を解除することもできます。

インデックス番号と色の対応

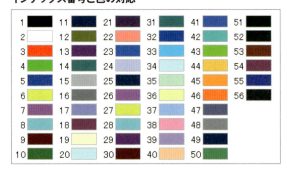

ColorIndexプロパティの主な設定値

設定値	説明
xlColorIndexAutomatic	自動
xlColorIndexNone または xlNone	なし
1〜56のインデックス番号	右図参照

セルA1に色を設定し、セルB1の色を解除する

```
[1] Range("A1").Interior.ColorIndex = 36
[2] Range("A1").Font.ColorIndex = 3
[3] Range("B1").Interior.ColorIndex = xlNone
```

[1] セルA1に薄い黄を設定する。
[2] セルA1の文字の色を赤にする。
[3] セルB1の塗りつぶしの色を解除する。

塗りつぶしの色や文字の色を設定する（1677万色）

Colorプロパティ　RGB値や設定値で色を指定する

> Rangeオブジェクト.Interior.Color = 設定値

Colorプロパティには、色を表すRGB値か、次表の設定値を設定します。この設定値は、セルや文字のほか、図形に色を設定する際にも使用できます。RGB値については、195ページを参照してください。

表示形式の設定例

設定値	色	設定値	色	設定値	色
vbBlack	黒	vbYellow	黄	vbCyan	シアン
vbRed	赤	vbBlue	青	vbWhite	白
vbGreen	緑	vbMagenta	マゼンタ		

セルA1に色を設定する

```
[1] Range("A1").Interior.Color = vbBlue
[2] Range("A1").Font.Color = vbWhite
```

[1] セルA1に青を設定する。
[2] セルA1の文字の色を白にする。

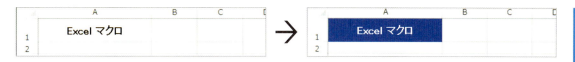

塗りつぶしの色や文字の色を設定する(テーマの色)

ThemeColorプロパティ　テーマの色でセルを塗りつぶす

Rangeオブジェクト.Interior.ThemeColor = 設定値

TintAndShadeプロパティ　塗りつぶしの色の明るさを設定する

Rangeオブジェクト.Interior.TintAndShade = 数値(-1(暗い)～1(明るい))

カラーパレットの[テーマの色]欄にある色を設定するには、ThemeColorプロパティで色合い(下図の①～⑩)、TintAndShadeプロパティで明るさ(下図のA～F)を指定します。例えば、カラーパレットの5列C段目の色を設定したい場合は、ThemeColorプロパティに「xlThemeColorAccent1」、TintAndShadeプロパティに「0.6」を設定します。初期状態のセルの明るさは「0」なので、カラーパレットのA段目の色は、ThemeColorプロパティだけで設定できます。なお、Excel 2010/2007のテーマの色はExcel 2013と異なりますが、同様の設定方法でカラーパレットの同じ位置の色が設定できます。

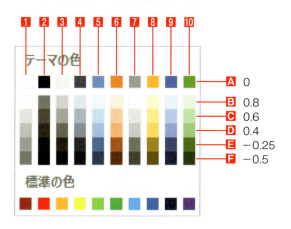

ThemeColorプロパティの設定値

設定値	説明
xlThemeColorDark1	① 背景1
xlThemeColorLight1	② テキスト1
xlThemeColorDark2	③ 背景2
xlThemeColorLight2	④ テキスト2
xlThemeColorAccent1	⑤ アクセント1
xlThemeColorAccent2	⑥ アクセント2
xlThemeColorAccent3	⑦ アクセント3
xlThemeColorAccent4	⑧ アクセント4
xlThemeColorAccent5	⑨ アクセント5
xlThemeColorAccent6	⑩ アクセント6

セルや文字にテーマの色を設定する

[1]　Range("A1:B1").Interior.ThemeColor = xlThemeColorAccent1
[2]　Range("B1").Interior.TintAndShade = 0.6
[3]　Range("A1").Font.ThemeColor = xlThemeColorDark1

[1]　セルA1～B1に[アクセント1]の色を設定する。
[2]　セルB1の塗りつぶしの色の明るさを0.6にする。セルB1はセルA1に比べて色が明るくなる。
[3]　セルA1の文字の色を[背景1]にする。

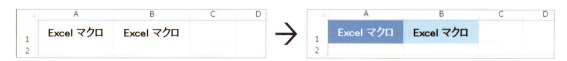

セルの指定した位置に罫線を設定する

Bordersプロパティ　セルの罫線の情報を取得する

> Rangeオブジェクト.Borders([Index])

引数Indexには、罫線を引く位置を設定します。セル範囲に格子罫線を設定する場合は、引数を何も設定せずに単に「Borders」と指定します。

引数Indexの設定値

設定値	説明
xlEdgeTop	セル範囲の上端の罫線 1
xlEdgeBottom	セル範囲の下端の罫線 2
xlEdgeLeft	セル範囲の左端の罫線 3
xlEdgeRight	セル範囲の右端の罫線 4
xlInsideHorizontal	セル範囲の内側の水平罫線 5
xlInsideVertical	セル範囲の内側の垂直罫線 6
xlDiagonalDown	セルの右下がりの罫線 7
xlDiagonalUp	セルの右上がりの罫線 8

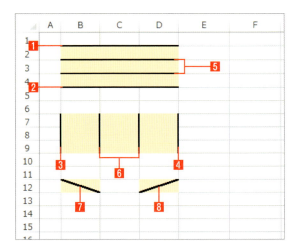

LineStyleプロパティ　線種を指定して罫線を引く

> Rangeオブジェクト.Borders([Index]).LineStyle = 設定値

LineStyleプロパティの設定値

設定値	説明	設定値	説明
xlContinuous	——— 実線	xlDot	……… 点線
xlDash	------- 破線	xlDouble	══ 二重線
xlDashDot	—・— 一点鎖線	xlSlantDashDot	╱╱╱ 斜破線
xlDashDotDot	—・・— 二点鎖線	xlLineStyleNoneまたはxlNone	線なし

Weightプロパティ　線の太さを指定して罫線を引く

> Rangeオブジェクト.Borders([Index]).Weight = 設定値

Weightプロパティの設定値

設定値	説明	設定値	説明
xlHairline	……… 細線	xlMedium	——— 中太の線
xlThin	——— 中細の線（標準の太さ）	xlThick	━━ 太線

LineStyleプロパティに罫線の種類を設定するか、Weightプロパティに罫線の太さを設定すると、セルに罫線を引けます。両方を設定して罫線の種類と太さを組み合わせることもできますが、設定できない組み合わせもあるので注意してください。

罫線を引く／消す

```
[1] Range ("B2:B4").Borders.LineStyle = xlLineStyleNone
[2] Range ("C2:E5").Borders.LineStyle = xlContinuous
[3] Range ("C2").Borders (xlDiagonalDown).LineStyle = xlContinuous
[4] Range ("C3:E5").Borders (xlInsideHorizontal).Weight = xlHairline
```

[1] セルB2～B4の格子罫線を消す。
[2] セルC2～E5に実線の格子罫線を引く。
[3] セルC2に右下がりの実線の罫線を引く。
[4] セルC3～E5の内側の横罫線を細線にする(2行目で引いた実線が細線で上書きされる)。

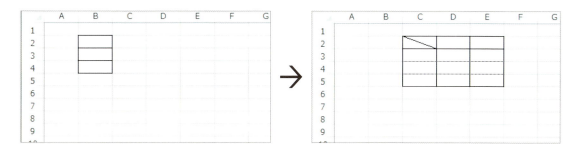

セル範囲の周囲に罫線を設定する

BorderAroundメソッド　セル範囲の周囲に罫線を引く

> Rangeオブジェクト.BorderAround([LineStyle], [Weight], [ColorIndex], [Color], [ThemeColor])

BorderAroundメソッドは、指定したセル範囲の周囲に罫線を引くメソッドです。5つある引数のうち、いずれかの引数を指定して罫線を引きます。

罫線を引く／消す

```
[1] Range ("B2:D2").BorderAround LineStyle:= xlSlantDashDot
[2] Range ("B4:D5").BorderAround Weight:=xlThick, ColorIndex:=5
```

[1] セルB2～D2の周囲に斜破線の罫線を引く。
[2] セルB4～D5の周囲に青い太線の罫線を引く

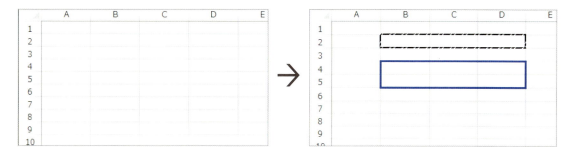

セルの編集

列幅や行高を設定する

RowHeightプロパティ　行の高さを設定する

```
Rangeオブジェクト.RowHeight = 行高
```

ColumnWidthプロパティ　列の幅を設定する

```
Rangeオブジェクト.ColumnWidth = 列幅
```

行高の設定値の単位はポイント、標準の高さは13.5です。列幅の設定値の単位は、標準フォントでの半角数字の「0」の文字数で、標準の幅は8.38です。Rangeオブジェクトとしてセル範囲を指定した場合は、そのセル範囲を含む行の高さや列の幅がそれぞれ設定されます。

列の幅と行の高さを設定する

[1]　Range ("A1").ColumnWidth = 10
[2]　Columns ("B:C").ColumnWidth = 5
[3]　Range ("A1").RowHeight = 30

[1]　セルA1の列幅を10に設定する。
[2]　B～C列の列幅を5に設定する。
[3]　セルA1の行高を30に設定する。

列幅や行高をデータに合わせて自動調整する

AutoFitメソッド　列幅や行高を自動調整する

```
Rangeオブジェクト.AutoFit
```

例えば、「Range（"A2:C4"）.Columns.AutoFit」とした場合は、セルA2～C4のデータだけを基準に列幅が調整され、「Columns（"A:C"）.AutoFit」とした場合は、A～C列の全体のデータを基準に列幅が調整されます。このメソッドは列幅と行高の両方の調整に使用するので、Rangeオブジェクトには設定対象が列か行かを明示します。

表のデータに合わせて列幅を調整する

[1]　Range ("A2:C4").Columns.AutoFit

[1]　セルA2～C4のデータに合わせて列幅を自動調整する。

セルや行、列を挿入する

Insertメソッド　セル、行、列を挿入する

`Rangeオブジェクト.Insert([Shift], [CopyOrigin])`

Rangeオブジェクトでセルを指定するとセルが、行を指定すると行が、列を指定すると列が挿入されます。引数Shiftはセルを挿入する際に指定するもので、挿入位置にあるセルをずらす方向を指定します。引数CopyOriginは挿入したセル、行、列の書式を指定します。

引数Shiftの設定値

設定値	説明
xlShiftDown	下にずらす
xlShiftToRight	右にずらす

引数CopyOriginの設定値

設定値	説明
xlFormatFromLeftOrAbove	上または左のセルから書式をコピーする
xlFormatFromRightOrBelow	下または右のセルから書式をコピーする

ワークシートに行や列を挿入する

[1] `Columns("B:C").Insert`
[2] `Rows(2).Insert CopyOrigin:=xlFormatFromRightOrBelow`

[1] B～C列に列を挿入する(既定で左隣のA列の書式がコピーされる)。
[2] 2行目に行を挿入し、下のセルの書式をコピーする

セルや行、列を削除する

Deleteメソッド　セル、行、列を削除する

`Rangeオブジェクト.Delete([Shift])`

Rangeオブジェクトでセルを指定するとセルが、行を指定すると行が、列を指定すると列が削除されます。引数Shiftはセルを削除する際に指定するもので、削除位置のセルを埋める方向を指定します。

引数Shiftの設定値

設定値	説明
xlShiftUp	上にずらす
xlShiftToLeft	左にずらす

C列を削除する

[1] `Columns(3).Delete`

[1] 3列目(C列)を削除する。

行、列の表示と非表示を切り替える

Hiddenプロパティ　行、列の表示と非表示を切り替える

> Rangeオブジェクト.Hidden = True / False

Rangeオブジェクトには、行や列を指定します。HiddenプロパティにTureを設定すると非表示になり、Falseを設定すると表示されます。

B列を表示し、C列を非表示にする

| [1] Columns(2).Hidden = False | [1] 2列目(B列)を表示する |
| [2] Columns(3).Hidden = True | [2] 3列目(C列)を非表示にする |

セルを移動／コピーする

Cutメソッド　セルを移動する

> Rangeオブジェクト.Cut([Destination])

Copyメソッド　セルをコピーする

> Rangeオブジェクト.Copy([Destination])

引数Destinationに移動／コピー先の先頭セルを指定します。省略した場合は、移動／コピーしたセルがクリップボード（データの一時的な記憶場所）に格納されます。

セルを移動／コピーする

| [1] Range("A1:C1").Cut Range("B1") | [1] セルA1～C1をセルB1へ移動する。 |
| [2] Range("A3:B6").Copy Range("D3") | [2] セルA3～B6をセルD3へコピーする。 |

 →

クリップボードのデータを貼り付ける

Pasteメソッド　クリップボードから貼り付ける

> Worksheetオブジェクト.Paste([Destination], [Link])

引数Destinationには、貼り付け先の先頭セルを指定します。省略すると、現在の選択範囲に貼り付けます。引数LinkにTrueを設定すると、リンク貼り付けになります。これら2つの引数は同時に設定できません。

セルをクリップボード経由でコピーする

[1] Range ("B2:C2").Copy
[2] ActiveSheet.Paste Range ("D2")
[3] ActiveSheet.Paste Range ("F2")

[1] セルB2～C2をコピーする。
[2] アクティブシートのセルD2に貼り付ける。
[3] アクティブシートのセルF2に貼り付ける。

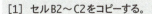
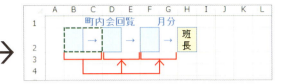

Hint! コピーモードを解除するには

コピーを実行してクリップボードにデータが格納されるとコピーモードになります。コピー元のセルは、上図のセルB2～C2のように周囲が点滅し、その間は何度でも貼り付けを実行できます。「Application.CutCopyMode = False」と記述すると、コピーモードが解除され、点滅も消えます。

形式を選択して貼り付ける

PasteSpecialメソッド　形式を選択して貼り付ける

Rangeオブジェクト.PasteSpecial([Paste])

引数Pasteで指定した内容を貼り付けます。引数Pasteを省略した場合はすべてを貼り付けます。引数Paste以降にも省略可能な引数がありますが、ここでは解説を割愛します。

引数Pasteの主な設定値

設定値	説明
xlPasteAll	すべて
xlPasteFormulas	数式
xlPasteValues	値
xlPasteFormats	書式
xlPasteAllExceptBorders	罫線を除くすべて
xlPasteColumnWidths	列幅
xlPasteFormulasAndNumberFormats	数式と数値の書式
xlPasteValuesAndNumberFormats	値と数値の書式

書式を貼り付ける

[1] Range ("A2:B5").Copy
[2] Range ("D2").PasteSpecial xlPasteFormats
[3] Application.CutCopyMode = False

[1] セルA2～B5をコピーする。
[2] セルD2に書式を貼り付ける。
[3] コピーモードを解除する。

データ入力・操作

セルに値や数式を入力する

Valueプロパティ　値を入力する

> Rangeオブジェクト.Value = 値

文字列は「"」（ダブルクォーテーション）で囲み、日付は「#」（シャープ）で囲んで「月/日/年」の形式で設定します。数値はそのまま設定します。

Formulaプロパティ　数式を入力する

> Rangeオブジェクト.Formula = 数式

Excelの数式をそのまま「"」（ダブルクォーテーション）で囲んで設定します。数式中に「"」が含まれる場合は、「"」を2つ重ねて入力します。

表にデータと数式を入力する

```
[1] Range("A1").Value = "売上数実績"
[2] Range("A6").Value = #9/4/2014#
[3] Range("B6").Value = 2043
[4] Range("C4:C6").Formula = "=B4/$D$1"
[5] Range("C4:C6").NumberFormatLocal = "0.0%"
[6] Range("D4:D6").Formula = "=IF(C4>=1,""○"",""×"")"
```

[1] セルA1に「売上数実績」と入力する。
[2] セルA6に「2014/9/4」と入力する。
[3] セルB6に「2043」と入力する。
[4] セルC4～C6に「=B4/$D$1」と入力する。
[5] セルC4～C6に「0.0%」の表示形式を設定する。
[6] セルD4～D6に「=IF(C4>=1,"○","×")」と入力する。

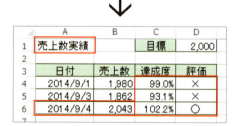

セルに連続データを入力する

AutoFillメソッド　オートフィルを実行する

> Rangeオブジェクト.AutoFill(Destination, [Type])

Rangeオブジェクトでオートフィルの基準のセルを指定し、引数Destinationで基準のセルを含めた入力先のセル、引数Typeで入力するデータの種類を指定します。引数Typeを省略した場合、標準のオートフィル（基準が数値の場合はコピー、日付の場合は連続データ）となります。

引数Typeの主な設定値

設定値	説明	設定値	説明
xlFillDefault	標準のオートフィル	xlFillValues	書式なしコピー
xlFillCopy	セルのコピー	xlFillDays	日単位の連続データ
xlFillSeries	連続データ	xlFillMonths	月単位の連続データ
xlFillFormats	書式のみコピー	xlFillYears	年単位の連続データ

日付と数値の連続データを入力する

[1] Range("A1").AutoFill Range("A1:A5")
[2] Range("B1").AutoFill Range("B1:B5"), xlFillSeries

[1] セルA1の値を基準として、セルA1～A5に連続データを入力する。
[2] セルB1の値を基準として、セルB1～B5に連続データを入力する。

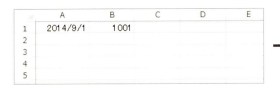 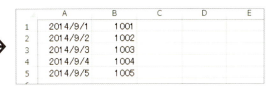

セルの内容を消去する

Clearメソッド　入力内容と書式を消去する

Rangeオブジェクト.Clear

ClearContentsメソッド　入力内容を消去する

Rangeオブジェクト.ClearContents

ClearFormatsメソッド　書式を消去する

Rangeオブジェクト.ClearFormats

ClearContentsメソッドは値や数式などの入力内容を、ClearFormatsメソッドは書式を、Clearメソッドはその両方を消去します。

値や書式を消去する

[1] Range("A1").Clear
[2] Range("B1").ClearContents
[3] Range("C1").ClearFormats

[1] セルA1のデータと書式を消去する。
[2] セルB1のデータを消去する。
[3] セルC1の書式を消去する。

データを並べ替える

Sortメソッド　データを並べ替える

> **Range**オブジェクト.Sort ([Key1:=並べ替えの基準], [Order1:=昇順／降順], [Key2:=並べ替えの基準], [Order2:=昇順／降順], [Key3:=並べ替えの基準], [Order3:=昇順／降順], [Header:=見出しの有無])

Rangeオブジェクトで並べ替える表内の単一セル、または並べ替える範囲全体を指定します。引数Key1～3に優先順位の高い順に並べ替えの基準の項目を指定し、Order1～3に並べ替え順序を指定します。上記の構文では、主な引数のみを紹介しています。

引数Order1～3の設定値

設定値	説明
xlAscending	昇順
xlDescending	降順

引数Headerの設定値

設定値	説明
xlGuess	Excelに判断させる
xlNo	先頭行は見出しではない
xlYes	先頭行は見出しである

部署の昇順、同じ部署の中では年齢の降順に並べ替える

```
[1] Range("A1").Sort _
        Key1:=Range("C1"), Order1:=xlAscending, _
        Key2:=Range("D1"), Order2:=xlDescending, Header:=xlYes
```

[1]　セルA1を含む表を、先頭行を見出しとして、セルC1の昇順、セルD1の降順に並べ替える。

データを抽出する

AutoFilterメソッド　オートフィルターを実行する

> **Range**オブジェクト.AutoFilter([Field],[Criteria1],[Operator],[Criteria2],[VisbleDropDown])

オートフィルターを設定して、引数で指定した条件に合致するデータを抽出します。Rangeオブジェクトには表内の単一セル、または表全体を指定します。

- Field　　　　　　：　条件を指定する列を、表の左端列から1、2、3…と数えた番号で指定する。
- Criteria1　　　　：　抽出条件を指定する。
- Operator　　　　：　抽出条件の種類を次表の設定値で指定する。
- Criteria2　　　　：　2つ目の抽出条件を指定する。
- VisbleDropDown　：　Falseを指定するとフィルターボタンが非表示になる。

引数Operatorの主な設定値

設定値	説明
xlAnd	「Criteria1かつCriteria2」に合致するデータを抽出する
xlOr	「Criteria1またはCriteria2」に合致するデータを抽出する
xlTop10Items	大きい順に「Criteria1」位までのデータを抽出する
xlBottom10Items	小さい順に「Criteria1」位までのデータを抽出する

部署が「第2課」、年齢が「30以上」のデータを抽出する

[1] Range ("A1").AutoFilter Field:=3, Criteria1:="第2課"
[2] Range ("A1").AutoFilter Field:=4, Criteria1:=">=30"

[1] セルA1を含む表にオートフィルターを設定して、3列目が「第2課」であるデータを抽出する。
[2] セルA1を含む表にオートフィルターを設定して、4列目が30以上であるデータを抽出する。

30以上40未満を抽出するには

1つの列に2つの条件を指定するには、引数Operatorに「xlAnd」や「xlOr」を指定して、引数Criteria1と引数Criteria2を指定します。次の例では、表の4列目から「30以上40未満」のデータを抽出します。

Range ("A1").AutoFilter Field:=4, Criteria1:=">=30", Operator:=xlAnd, Criteria2:="<40"

オートフィルターを解除するには

「ActiveSheet.AutoFilterMode = False」と記述すると、オートフィルターを解除（抽出が解除されてフィルターボタンが非表示になる状態）できます。また、引数を省略して「Range ("A1").AutoFilter」と記述しても解除できます。ただし、オートフィルターが設定されていない場合、反対に設定（フィルターボタンが表示される状態）されてしまうので注意しましょう。なお、フィルターボタンを残したまま列の抽出を解除するには、「Range ("A1").AutoFilter Field:=3」のように、抽出条件を省略して、解除する列を引数Fieldに指定します。

ワークシート操作

ワークシートを選択する

Selectメソッド　ワークシートを選択する

> Worksheetオブジェクト.Select ([Replace])

引数を省略すると、現在の選択を解除して、指定したワークシートだけを選択します。引数にFalseを指定すると、現在の選択を解除せずにワークシートを選択します。最初に選択したシートがアクティブになります。

「Sheet1」と「Sheet3」を選択する

[1] Worksheets("Sheet1").Select
[2] Worksheets("Sheet3").Select False

[1]「Sheet1」シートを選択する。「Sheet1」だけが選択された状態になる。アクティブシートは「Sheet1」。
[2]「Sheet3」シートを選択に加える。「Sheet1」と「Sheet3」が選択された状態になる。アクティブシートは「Sheet1」。

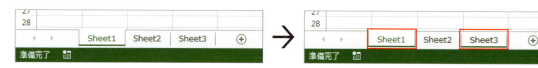

ワークシートを移動／コピーする

Moveメソッド　ワークシートを移動する

> Worksheetオブジェクト.Move ([Before],[After])

Copyメソッド　ワークシートをコピーする

> Worksheetオブジェクト.Copy ([Before],[After])

引数Beforeまたは引数Afterで指定した位置にワークシートを移動／コピーします。両方の引数を省略した場合、新規ブックが作成され、ワークシートが移動／コピーされます。移動／コピー先のワークシートがアクティブシートになります。

ワークシートを移動する

[1] Worksheets("名簿").Copy After:=Worksheets("名簿")
[2] ActiveSheet.Name = "名簿_バックアップ"

[1]「名簿」シートを「名簿」シートの後ろの位置にコピーする。
[2] アクティブシート(コピー先の「名簿（2）」シート)の名前を「名簿_バックアップ」にする。

ワークシートを追加する

Addメソッド　ワークシートを追加する

> Worksheetsコレクション.Add([Before],[After])

ワークシートの追加先は、引数Beforeまたは引数Afterで指定します。ともに省略すると、アクティブシートの前に追加されます。ワークシートを追加すると、追加したワークシートがアクティブシートになります。引数After以降にも省略可能な引数がありますが、ここでは解説を割愛します。

アクティブシートの名前を設定する

```
[1] Worksheets.Add Before:=Worksheets(1)
[2] ActiveSheet.Name = "目次"
```

[1] 先頭のワークシートの前にワークシートを追加する。追加したワークシートがアクティブシートになる。
[2] アクティブシートの名前を「目次」にする。

ワークシートを削除する

Deleteメソッド　ワークシートを削除する

> Worksheetオブジェクト.Delete

ワークシートを削除します。その際、削除確認のメッセージが表示されます。ユーザーが[削除]ボタンをクリックすると実際に削除され、[キャンセル]ボタンをクリックすると削除されません。ユーザーの意思確認をせずに削除したい場合は、以下のコードのように「Application.DisplayAlerts」を使用します。

確認メッセージを表示せずに先頭のシートを削除する

```
[1] Application.DisplayAlerts = False
[2] Worksheets(1).Delete
[3] Application.DisplayAlerts = True
```

[1] 確認メッセージが表示されないようにする。
[2] 先頭のワークシートを削除する。
[3] 確認メッセージが表示される状態に戻す。

ブック操作・画面・印刷

ブックをアクティブにする

Activateメソッド　ブックをアクティブにする

Workbookオブジェクト.Activate

指定したブックをアクティブにします。ブックがアクティブになると最前面に表示されます。

ブックをアクティブにする

[1] Workbooks("渋谷店.xlsx").Activate　　　[1]「渋谷店.xlsx」ブックをアクティブにする。

ブックのパスと名前を調べる

Pathプロパティ　ブックのパスを調べる

Workbookオブジェクト.Path

Nameプロパティ　ブックの名前を調べる

Workbookオブジェクト.Name

Pathプロパティでブックの保存場所、Nameプロパティでブック名を取得します。

ブックのパスと名前をメッセージに表示する

[1] MsgBox ActiveWorkbook.Path
[2] MsgBox ActiveWorkbook.Name

[1] アクティブブックのパスをメッセージに表示する。
[2] アクティブブックの名前をメッセージに表示する。

新規ブックを追加する

Addメソッド　ブックを追加する

Workbooksコレクション.Add

新規ブックを作成します。作成したブックがアクティブブックになります。省略可能な引数を持ちますが、ここでは解説を割愛します。

新規ブックを追加してセルに入力する

[1] Workbooks.Add
[2] Range("A1").Value = 100

[1] 新規ブックを作成する。
[2] セルA1に100を入力する。アクティブブックである新規ブックのアクティブシートに入力される。

ブックを開く

Openメソッド　ブックを開く

```
Workbooksコレクション.Open (FileName)
```

引数FileNameで指定したブックを開きます。開いたブックがアクティブブックになります。引数FileNameには、開くブックのパス付のファイル名を指定します。パスを省略すると、開くブックがカレントフォルダー（Excel起動直後の標準のカレントフォルダーは［ドキュメント］または［マイドキュメント］フォルダー）にあるものと見なされます。

指定したブックを開く

[1] Workbooks.Open "C:¥売上データ¥関東¥渋谷店.xlsx"

[1]「C:¥売上データ¥関東」フォルダーにある「渋谷店.xlsx」ブックを開く。

ブックを閉じる

Closeメソッド　ブックを閉じる

```
Workbookオブジェクト.Close ([SaveChanges] , [FileName])
```

引数で指定した条件でブックを閉じます。

引数SaveChangesの設定値

設定値	説明
True	引数FileNameで指定した名前でブックを保存して閉じる。引数FileNameを省略した場合、既存のブックは上書き保存され、新規ブックには［名前を付けて保存］ダイアログボックスが表示される
False	変更を保存せずに閉じる
省略	ブックに変更があった場合、保存確認のメッセージが表示される

変更を保存せずにブックを閉じる

[1] ActiveWorkbook.Close False

[1] 変更を保存せずにアクティブブックを閉じる。

ブックを上書き保存する

Saveメソッド　ブックを上書き保存する

```
Workbookオブジェクト.Save
```

ブックを上書き保存します。新しいブックの場合は、「Book1」など、タイトルバーに表示されているブック名でカレントフォルダーに保存されます。

ブックを上書き保存する

[1] ActiveWorkbook.Save

[1] アクティブブックを上書き保存する。

ブックに名前を付けて保存する

SaveAsメソッド　ブックに名前を付けて保存する

Workbookオブジェクト.SaveAs(FileName, [FileFormat])

ブックを引数FileNameで指定した名前、引数FileFormatで指定したファイル形式で保存します。ほかにも省略可能な引数を持ちますが、ここでは解説を割愛します。

引数FileFormatの設定値

設定値	説明
xlOpenXMLWorkbook	Excelブック(.xlsx)
xlOpenXMLWorkbookMacroEnabled	Excelマクロ有効ブック(.xlsm)
xlOpenXMLTemplate	Excelテンプレート(.xltx)
xlOpenXMLTemplateMacroEnabled	Excelマクロ有効テンプレート(.xltm)
xlCSV	カンマ区切りのテキストファイル(.csv)
xlCurrentPlatformText	タブ区切りのテキストファイル(.txt)

アクティブブックに名前を付けて保存する

[1] ActiveWorkbook.SaveAs "C:¥売上データ¥関東¥横浜店.xlsx"

[1] アクティブブックを「C:¥売上データ¥関東」フォルダーに「横浜店.xlsx」の名前で保存する。

Hint! 保存先に同名のファイルが存在する場合

保存先に同名のファイルが存在する場合、確認メッセージが表示されます。[はい]ボタンをクリックすると上書き保存されますが、[いいえ]ボタンや[キャンセル]ボタンをクリックするとエラーが発生するので注意してください。

Hint! テキストファイルの保存の注意

日付が含まれているブックをテキストファイルに保存すると、日付が英語形式の「月/日/年」で保存されることがあります。日本語形式の「年/月/日」で保存するには、引数LocalにTrueを指定します。

```
ActiveWorkbook.SaveAs Filename:="C:¥売上データ¥関東¥横浜店.txt", _
    FileFormat:=xlCurrentPlatformText, Local:=True
```

印刷プレビューを表示する

PrintPreviewメソッド　印刷プレビューを表示する

> オブジェクト.PrintPreview

指定したオブジェクトの印刷プレビューを表示します。オブジェクトには、Worksheetオブジェクト（シートを印刷）、Workbookオブジェクト（すべてのシートを印刷）、Rangeオブジェクト（指定したセル範囲を印刷）などを指定できます。省略可能な引数を持ちますが、ここでは解説を割愛します。

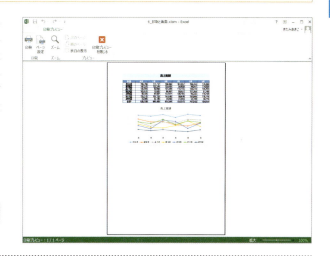

アクティブシートの印刷プレビューを表示する

[1] ActiveSheet.PrintPreview

[1] アクティブシートの印刷プレビューを表示する。

印刷を実行する

PrintOutメソッド　印刷を実行する

> オブジェクト.PrintOut([From:=開始ページ],[To:=終了ページ],[Copies:=印刷部数])

指定したオブジェクトを印刷します。オブジェクトには、Worksheetオブジェクト（シートを印刷）、Workbookオブジェクト（すべてのシートを印刷）、Rangeオブジェクト（指定したセル範囲を印刷）などを指定できます。引数をすべて省略した場合、1ページから最終ページまでが1部印刷されます。ほかにも省略可能な引数を持ちますが、ここでは解説を割愛します。

アクティブシートを印刷する

[1] ActiveSheet.PrintOut

[1] アクティブシートを印刷する。

 画面の更新を一時的に止める

ワークシートを切り替える処理やブックを開いたり閉じたりする処理を含むマクロでは、マクロの実行中に画面がちらちらと切り替わります。画面のちらつきを防ぐには、処理の前にScreenUpdatingプロパティにFalseを設定して画面の更新を止めます。すると、画面の変化のないまま処理が実行されます。マクロの最後にプロパティ値をTrueに戻すと、終了結果の画面が表示されます。

```
Application.ScreenUpdating = False
```

CHAPTER 7-44 便利な関数

関数

マイコ先輩、見てください。VBA関数を僕なりにまとめてみました。
ワークシート関数とVBA関数では、同じ関数名なのに機能が異なったり、
反対に機能が同じでも関数名が異なったりすることがあって混乱していたんですが、
表にまとめたことでスッキリしました！

スゴイじゃない、ナビオ君！
やる気満々ね。これからも、その意気でがんばりましょう！

表の見方

関数の構文	関数の説明
関数の使用例	関数の使用例の結果（関数の使用例の説明）

文字列を操作する関数

文字列の長さを求める

Len (文字列)	文字列の文字数を求める
Len ("Excel VBA")	9（文字数を求める）

文字列から部分文字列を取り出す

Left (文字列, 文字数)	文字列の左から文字数分の文字列を取り出す
Left ("第一営業部販売課", 5)	第一営業部（左から5文字取り出す）
Right (文字列, 文字数)	文字列の右から文字数分の文字列を取り出す
Right ("第一営業部販売課", 3)	販売課（右から3文字取り出す）
Mid (文字列, 開始位置 [, 文字数])	文字列の指定した位置から指定した文字数分の、または最後までの文字列を返す。開始位置は1文字目を1と数える
Mid ("第一営業部販売課", 3, 2)	営業（3文字目から2文字取り出す）
Mid ("第一営業部販売課", 3)	営業部販売課（3文字目から最後まで取り出す）

スペース（空白文字）を削除する

LTrim (文字列)	文字列の先頭の半角／全角スペースを削除する
LTrim (" □Excel□VBA□ ")	Excel□VBA□ （先頭のスペースを削除）

RTrim（文字列）	文字列の末尾の半角／全角スペースを削除する
RTrim("□Excel□VBA□")	□Excel□VBA　（末尾のスペースを削除）
Trim（文字列）	文字列の先頭と末尾の半角／全角スペースを削除する
Trim("□Excel□VBA□")	Excel□VBA　（先頭と末尾のスペースを削除）

指定した文字種に変換する

StrConv（文字列，変換の種類）	文字列を指定した文字種に変換する（下表参照）
StrConv("Excel VBA", vbProperCase)	Excel Vba（各単語の先頭文字を大文字、2文字目以降を小文字に変換）
StrConv("みかん", vbNarrow + vbKatakana)	ﾐｶﾝ（全角を半角に、ひらがなをカタカナに変換）

Hint! 引数[変換の種類]の指定方法

StrConv関数では、引数[変換の種類]を下表の設定値で指定します。矛盾しない組み合わせなら、複数の設定値を「vbNarrow + vbKatakana」のように「+」で組み合わせて指定できます。

設定値	説明
vbUpperCase	アルファベットを大文字に変換
vbLowerCase	アルファベットを小文字に変換
vbProperCase	各単語の先頭の文字を大文字に変換
vbWide	半角文字を全角文字に変換
vbNarrow	全角文字を半角文字に変換
vbKatakana	ひらがなをカタカナに変換
vbHiragana	カタカナをひらがなに変換
vbUnicode	システムの既定のコードページを使って文字列をUnicodeに変換
vbFromUnicode	文字列をUnicodeからシステムの既定のコードページに変換

文字と文字コードを変換する

Chr（文字コード）	文字コードに対応する文字を返す
Chr(65)	A（文字コードが65に対応する文字を求める）
Asc（文字列）	文字列の先頭の文字の文字コードを返す
Asc("A")	65（「A」の文字コードを求める）

Hint! Chr関数は制御文字の入力に使える

Chr関数は、制御文字を入力するのに役立ちます。例えば、改行はChr(10)やChr(13)、タブはChr(9)で入力できます。

```
MsgBox "皐月" & Chr(9) & "5月" & Chr(13) & _
"水無月" & Chr(9) & "6月"
```

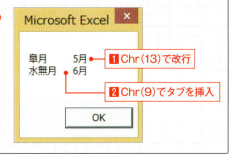

1 Chr(13)で改行
2 Chr(9)でタブを挿入

大文字と小文字を変換する

LCase (文字列)	アルファベットの大文字を小文字に変換する
LCase ("Excel VBA")	excel vba （大文字を小文字に変換）
UCase (文字列)	アルファベットの小文字を大文字に変換する
UCase ("Excel VBA")	EXCEL VBA （小文字を大文字に変換）

文字列を検索／置換／比較する

InStr ([開始位置,] 文字列, 検索文字列[, 比較モード])	文字列内に検索文字列が何文字目にあるかを数値で返す。検索文字列がない場合は0を返す。開始位置は検索を開始する位置を指定するもので、省略すると先頭から検索される。比較モードを指定する場合は、開始位置も指定する（下表参照）
InStr ("Excel VBA", "VBA")	7 （「VBA」は何文字目にあるか）
InStr ("Excel VBA", "ABC")	0 （「ABC」は何文字目にあるか）
Replace (文字列, 検索文字列, 置換文字列[, 開始位置, 置換数[, 比較モード]]])	文字列中の検索文字列を置換文字列で置換して返す。開始位置を省略すると先頭から検索を開始し、置換数を省略すると文字列中のすべての検索文字列が置換される（下表参照）
Replace ("Excel VBA", "Excel", "Word")	Word VBA （「Excel」を「Word」に置き換える）
Replace ("Excel VBA", " ", "")	ExcelVBA （すべてのスペースを削除）
StrComp (文字列1, 文字列2[, 比較モード])	2つ文字列を比較して文字列1が小さければ-1、等しければ0、文字列1が大きければ1を返す（下表参照）
StrComp ("apple", "orange")	-1 （「apple」＜「orange」）
StrComp ("banana", "banana")	0 （「banana」＝「banana」）
StrComp ("banana", "apple")	1 （「banana」＞「apple」）

引数[比較モード]の指定方法

InStr関数、Replace関数、StrComp関数では、引数[比較モード]を下表の設定値で指定します。なお、バイナリモードでは「EXCEL」（大文字）と「excel」（小文字）、「VBA」（全角）と「VBA」（半角）、「えくせる」と「エクセル」はすべて異なるものと見なされますが、テキストモードでは等しいと見なされます。

設定値	説明
vbUseCompareOption	モジュールの冒頭に「Option Compare ○○」という構文を入力した場合はその指定にしたがい、入力していない場合はバイナリモードで比較される
vbBinaryCompare	バイナリモード（大文字／小文字、全角／半角、ひらがな／かたかなを区別する）で比較される
vbTextCompare	テキストモード（大文字／小文字、全角／半角、ひらがな／かたかなを区別しない）で比較される

数値を処理する関数

数値を処理する

Abs（数値）	絶対値を返す
Abs (-5)	5　（-5の絶対値）
Sgn（数値）	数値の符号を返す。負数は-1、0は0、整数は1が返る
Sgn (-5)	-1　（-5の符号）
Int（数値）	数値を整数化する。元の数値を超えない最大の整数が返る
Int (1.5)	1　（1.5の整数値）
Int (2.5)	2　（2.5の整数値）
Int (-1.5)	-2　（-1.5の整数値、最大の負の整数を返す）
Round（数値 [, 桁数]）	数値を指定した小数点位置で丸める。桁数を省略すると整数値を返す
Round (1.5)	2　（1.5を丸める）
Round (2.5)	2　（2.5を丸める）
Round (1.2345, 2)	1.23　（1.2345を丸めて小数点第2位までの数にする）

 Round関数とROUND関数の違い

VBAのRound関数は、ワークシート関数のROUND関数とは、機能が一部異なります。ExcelのROUND関数は四捨五入した結果を返しますが、VBAのRound関数は丸める桁の数値が0.5のとき偶数になるように丸めます。したがって、Round (1.5) もRound (2.5) も結果は2となります。

四捨五入には「WorksheetFunction.Round」が便利

VBAには四捨五入を行う関数はありませんが、「WorksheetFunction.Round（数値, 桁数）」と記述すると、ワークシート関数のROUND関数を使用して数値を四捨五入できます。「WorksheetFunction」は、VBAからExcelのワークシート関数を呼び出すキーワードの役目をします。例えば、

```
MsgBox Round (2.5, 0)
```

と記述すると、VBAのRound関数の結果の「2」が表示されますが、

```
MsgBox WorksheetFunction.Round (2.5, 0)
```

と記述すると、ワークシート関数のROUND関数の結果である「3」が表示されます。

日付や時刻を操作する関数

現在の日付や時刻を調べる

Date	現在のシステム日付を返す
Date	2014/12/24　（現在の日付）
Time	現在のシステム時刻を返す
Time	12:34:56　（現在の時刻）
Now	現在のシステム日付と時刻を返す
Now	2014/12/24 12:34:56　（現在の日付と時刻）

日付や時刻から年、月、日、時、分、秒を取り出す

Year（日付）	日付から年を取り出す
Year (#7/10/2014#)	2014　（2014/7/10の年）
Month（日付）	日付から月を取り出す
Month (#7/10/2014#)	7　（2014/7/10の月）
Day（日付）	日付から日を取り出す
Day (#7/10/2006#)	10　（2014/7/10の日）
Hour（時刻）	時刻から時を取り出す
Hour (#4:23:45 PM#)	16　（16:23:45の時）
Minute（時刻）	時刻から分を取り出す
Minute (#4:23:45 PM#)	23　（16:23:45の分）
Second（時刻）	時刻から秒を取り出す
Second (#4:23:45 PM#)	45　（16:23:45の秒）

曜日を求める

Weekday（日付）	日付に対応する曜日コードを返す。戻り値は日、月、火…土に対して1、2、3…7となる
Weekday (#7/10/2014#)	5　（2014/7/10の曜日コード）
WeekdayName（曜日コード[，形式]）	曜日コードから曜日を返す。戻り値は第2引数にTrueを指定すると「月」、Falseを指定するか省略すると「月曜日」の形式になる
WeekdayName (5)	木曜日　（曜日コード5の曜日）
WeekdayName (5,True)	木　（曜日コード5の曜日）
WeekdayName (Weekday (#7/10/2014#))	木曜日　（2014/7/10の曜日）

年、月、日、時、分、秒から日付や時刻を作成する

DateSerial（年，月，日）	年、月、日の数値から日付を作成する
DateSerial(2014, 7, 10)	2014/7/10 （2014、7、10から日付を作成）
TimeSerial（時，分，秒）	時、分、秒の数値から時刻を作成する
TimeSerial(16, 23, 45)	16:23:45 （16、23、45から時刻を作成）

日付や時刻の計算をする

DateAdd（単位，時間，基準日時）	基準日時に指定した単位の時間を加減した日付や時刻を返す（下表参照）
DateAdd("ww", 2, #7/10/2014#)	2014/7/24 （2014/7/10の2週間後）
DateAdd("d", -5, #7/10/2014#)	2014/7/5 （2014/7/10の5日前）
DateDiff（単位，日時1，日時2）	2つの日時の時間間隔を指定した単位で返す（下表参照）
DateDiff("d", #7/10/2014#, #7/15/2014#)	5 （2014/7/10から2014/7/15までの日数）
DateDiff("yyyy", #12/31/2013#, #1/1/2014#)	1 （2013/12/31から2014/1/1までに何回年をまたいだか）
DatePart（単位，日時）	指定した日時から指定した単位の値を取り出す（下表参照）
DatePart("q", #7/10/2014#)	3 （2014/7/10が第何四半期か）

Hint! 引数[単位]の指定方法

DateAdd関数、DateDiff関数、DatePart関数では、引数[単位]を右の表の設定値で指定します。なお、DateAdd関数で単位を「y」「d」「w」としたときの戻り値は同じです。また、DateDiff関数で単位を「y」「d」としたときの戻り値も同じです。

設定値	説明	設定値	説明
yyyy	年	w	週日
q	四半期	ww	週
m	月	h	時
y	年間通算日	n	分
d	日	s	秒

Hint! DateDiff関数とDATEDIF関数の違い

ワークシート関数のDATEDIF関数とVBAのDateDiff関数では引数の順番や単位の指定値が異なるほか、機能も一部異なります。例えば、年数を求める場合、DATEDIF関数では満年数を計算するのに対して、DateDiff関数では何回年をまたいだかがカウントされます。そのため、「DateDiff ("yyyy", #12/31/2013#, #1/1/2014#)」の結果は「1」となります。

そのほかの関数

データの種類を判別する

IsNumeric (データ)	データが数値として扱えるかどうかを示すブール型の値を返す
IsNumeric ("12.3")	True （文字列「12.3」は数値として扱えるか）
IsNumeric ("12.3cm")	False （文字列「12.3cm」は数値として扱えるか）
IsDate (データ)	データが日付に変換できるかどうかを示すブール型の値を返す
IsDate ("H26/7/10")	False （文字列「H26/7/10」は日付として扱えるか）
IsDate ("H26.7.10")	True （文字列「H26.7.10」は日付として扱えるか）

データ型を変換する

CInt (データ)	データを整数型に変換
CInt (123.4)	123 （小数を整数型の数値に変換）
CLng (データ)	データを長整数型に変換
CLng (123.4)	123 （小数を長整数型の数値に変換）
CDbl (データ)	データを倍精度浮動小数点数型に変換
CDbl ("1.2")	1.2 （文字列を倍精度浮動小数点数型の数値に変換）
CDate (データ)	データを日付型に変換
CDate ("平成27年7月10日")	2015/7/10 （文字列を日付型に変換）
CStr (データ)	データを文字列型に変換
CStr (123)	"123" （数値を文字列に変換）

データの表示方法を変える

Format (データ [, 書式])	データを指定した書式の文字列に変換する。
Format (1234, "#,##0")	1,234 （1234を3桁区切りにする）
Format (1234, "¥¥#,##0")	¥1,234 （1234に円記号を付けて3桁区切りにする）
Format (0.9876, "0.0%")	98.8% （0.9876を小数点第1位までのパーセント形式にする）
Format (#9/18/2014#, "yyyy""年""m""月""d""日""")	2014年9月18日 （2014/9/18をX年X月X日形式にする）
Format (#9/18/2014#, "yyyy.mm.dd")	2014.09.18 （2014/9/18をXXXX.XX.XX形式にする）
Format (#9/18/2014#, "m/d/ (aaa) ")	9/18（木） （2014/9/18をX/X（曜日）形式にする）
Format ("9876543", "@@@-@@@@")	「9876543」という文字列をXXX-XXXX形式にする

Format関数の書式の指定方法

Format関数の引数［書式］には、下表の表示書式指定文字を組み合わせて、全体を「"」（ダブルクォーテーション）で囲んで指定します。「年」「月」などの文字列を組み合わせる場合は、「"」を2つ重ねた「""」で囲み、「"yyyy""年""m""月""d""日"""」のように入力します。

表示書式指定文字

種類	文字	説明
数値	0	数値1桁　1（数値の桁が足りない場合、「0」を補う）
	#	数値1桁（数値の桁が足りない場合、「0」を補わない）
	%	数値に100を掛けてパーセント記号を付加
日付	yy	西暦の下2桁（00～99）
	yyyy	西暦4桁
	g	年号（M、T、S、H）
	gg	年号（明、大、昭、平）
	ggg	年号（明治、大正、昭和、平成）
	e	和暦の年（1桁の場合に先頭に「0」を補わない）
	ee	和暦の年2桁（1桁の場合に先頭に「0」を補う）
	m	月（1～12）
	mm	月2桁（01～12）
	mmm	月名の英語（Jan～Dec）
	mmmm	月名の英語（January～December）
	d	日（1～31）
	dd	日2桁（01～31）
	ddd	曜日の英語（Sun～Sat）
	dddd	曜日の英語（Sunday～Saturday）
	aaa	曜日（日～土）
	aaaa	曜日（日曜日～土曜日）
時刻	h	時間（0～23）
	hh	時間2桁（00～23）
	n	分（0～59）
	nn	分2桁（00～59）
	s	秒（0～59）
	ss	秒2桁（00～59）
	AM/PM	午前はAM、午後はPM
文字	@	文字を表す（対応する文字がない場合はスペースが表示される）
	&	文字を表す（対応する文字がない場合は詰められて表示される）
	!	指定した文字数の中で左詰めにする
その他	¥文字	すぐ後に続く文字をそのまま表示する。「¥」を表示したい場合は「¥¥」を指定する
	"文字列"	「"」で囲まれた文字列をそのまま表示する

※「m」「mm」は、「h」「hh」の直後に指定した場合は「月」ではなく「分」と見なされます。

索引

記号・数字

:=	085
?	098
*	098
<	049
<=	049
<>	049
=	049
>	049
>=	049
○○を含むデータを抽出する	098
○以上○以下のデータを抽出する	099
1677万色	224
1カ月分の日程表	198
1行おきに色を付ける	062
1行おきに行を挿入する	072
1行おきに異なる色を設定する	066
1行ずつチェックを繰り返す	078, 082
1行ずつ転記	184
3行ずつ行を挿入する	075
5行単位で処理を繰り返す	070
5業単位で中罫線を点線にする	068

A

Abs 関数	245
ActiveCell プロパティ	053
Active メソッド	238
AddLine メソッド	193
Add メソッド	144, 155, 237
Adress	126
After	144
Anchor	126
And 演算子	049
Application オブジェクト	036, 159
Asc 関数	243
AutoFill メソッド	204, 232
AutoFilterMode プロパティ	157
AutoFilter メソッド	096, 154, 234
AutoFit メソッド	117, 228

B

Before	144
BeginArrowheadStyle	195
Bold プロパティ	078, 220
Boolean 型	044
BorderAround メソッド	082, 227
Borders プロパティ	083, 226
Buttons	132
Byte 型	044

C

CDate 関数	248
CDbl 関数	248
Cells プロパティ	053
CHOOSE 関数	211
Chr 関数	243
CInt 関数	248
ClearContents メソッド	131, 233
ClearFormats メソッド	233
Clear メソッド	233
CLng 関数	248
Close メソッド	171, 239
ColorIndex プロパティ	224
Color プロパティ	206, 224
Columns プロパティ	054
ColumnWidth プロパティ	207, 228
Copy メソッド	154
Copy メソッド	230, 236
Count	144
COUNTIF 関数	201
CStr 関数	248
CSV ファイルを整形してブックとして保存	174
Currency 型	044
CurrentRegion プロパティ	055, 184
CutCopyMode プロパティ	157
Cut メソッド	230

D

DateAdd 関数	247
DateDiff 関数	247
DATEDIF 関数	247
DatePart 関数	247
DateSerial 関数	202
DateSerial 関数	247
Date 型	044
Date 関数	246
Day 関数	246
Delete メソッド	087, 117, 229, 237
Destination	148
Dir 関数	162
DisplayAlerts プロパティ	119